基于机器学习的数据分析方法

苏美红　著

化学工业出版社
·北京·

内容简介

作为人工智能的核心技术，机器学习在数据分析中具有举足轻重的地位。本书在介绍机器学习相关知识的基础上，主要介绍了如何对有噪声的数据进行鲁棒回归分析。全书共 6 章，除第 1 章外，各章对异常点或重尾分布数据中的具体问题进行了详细分析与建模，所涉及的问题包括权值选择问题、变量相关性问题以及网络数据问题等。

本书对于构建具有鲁棒性的机器学习模型具有很好的参考性，适用于含噪声的数据分析与应用，可供数据分析、人工智能等相关专业师生及行业技术人员参考阅读。

图书在版编目（CIP）数据

基于机器学习的数据分析方法 / 苏美红著. —北京：化学工业出版社，2023.11

ISBN 978-7-122-43989-5

Ⅰ. ①基… Ⅱ. ①苏… Ⅲ. ①机器学习-数据处理 Ⅳ. ①TP181②TP274

中国国家版本馆 CIP 数据核字（2023）第 151858 号

责任编辑：曾　越　　文字编辑：郑云海
责任校对：边　涛　　装帧设计：王晓宇

出版发行：化学工业出版社（北京市东城区青年湖南街 13 号　邮政编码 100011）
印　　装：北京科印技术咨询服务有限公司数码印刷分部
710mm×1000mm　1/16　印张 9½　字数 153 千字　2024 年 3 月北京第 1 版第 1 次印刷

购书咨询：010-64518888　　售后服务：010-64518899
网　　址：http://www.cip.com.cn
凡购买本书，如有缺损质量问题，本社销售中心负责调换。

定　　价：89.00 元

前言

PREFACE

作为人工智能的核心技术方法，机器学习已经成为了一种重要且有效的数据分析工具，并且已经取得了令人惊叹的成就。本书主要针对数据中含有异常点或数据服从重尾分布的问题，基于机器学习三要素，从模型构建、理论分析、算法求解及实验验证等方面对机器学习方法进行研究和介绍。

全书共 6 章。第 1 章为机器学习基础知识，主要包括两大部分的内容，第一部分介绍了机器学习的基本问题、基本概念以及基本类型等，第二部分介绍了机器学习基本模型——回归模型的发展现状，方便读者理解本书撰写的目的和动机。

第 2 章是对基于正则化方法的回归模型的介绍，主要介绍了多种广泛使用的正则化方法，并详细分析了各种方法的优缺点。

第 3 章主要介绍自加权鲁棒正则化方法。通过机器学习模型自加权，有效提高了模型的鲁棒性，为含噪声数据分析提供了高效的学习方法。

第 4 章针对重尾分布数据中的自变量相关性问题，从问题分析、模型构建、理论分析以及求解算法等方面进行了详细介绍，为此类型数据的分析提供了有效的方法和相应的理论支撑。

第 5 章介绍了数据中因变量相关性问题的机器学习分析方法，构建了具有邻近样本信息的回归模型，给出相应的回归系数估计方法，并给出了所提估计的误差界证明，从回归建模的角度为网络数据的分析奠定了基础。

第 6 章针对网络数据中变量相关性问题，取得基于 Elastic Net 回归，构建了适用于网络数据的 Elastic Net 回归模型，同时给出了相应的求解算法，为应用于实际问题提供了指导。

本书主要介绍了如何利用机器学习方法对数据进行有效分析，具体来说，旨在针对复杂或含噪声数据中所存在的问题，研究能够保证学习模型鲁棒性和泛化性的技术或方法，从而能够有效应用于实际问题。因此本书既可供数据分析、人工智能相关专业师生阅读，也可供相关领域的工程技术人员、研究人员参考。

本书是笔者在博士期间所做研究工作的基础上修订而成的，因此对导师王文剑教授以及母校山西大学多位教授的指导表示感谢。

此外，本书受国家自然科学基金面上项目（No.61673249）、山西省基础研究计划项目（202103021223295）、大数据分析与并行计算山西省重点实验室开放课题（编号：BDPC-23-002）、山西省高等学校科技创新计划项目（2021L323）、太原科技大学科研启动金项目（20212054）、智能信息处理山西省重点实验室开放课题基金资助项目（编号：CICIP2023007）、来晋工作优秀博士奖励基金（20232062）项目资助，在此深表感谢！

由于笔者水平、时间和精力所限，书中难免有不足，希望读者批评指正。

著者

目录
CONTENTS

第1章

机器学习基础

本章首先介绍机器学习的基本概念，并通过一些简单实例说明这些概念，其次详细介绍回归模型的研究现状，为后续章节的讨论奠定基础。

1.1 机器学习及基本概念

1.1.1 什么是机器学习

机器学习（machine learning）致力于研究如何通过计算的手段，利用经验来改善系统自身的性能。若给机器学习下一个定义，可引用 Mitchell 给出的定义：对于某类任务 T 和性能度量 P，一个计算机程序被认为可从经验 E 中学习是指，通过经验 E 的改进后，它在任务 T 上由性能度量 P 所衡量的性能有所提高。在计算机系统中，大多数机器学习算法所指的经验通常以数据的形式存在，因此，机器学习是一门通过分析和计算数据归纳出数据中普遍规律的学科，所研究的主要内容是在计算机上从数据中产生模型的算法，即“学习算法”。有了学习算法后，我们把经验数据提供给它，它就能基于这些数据产生模型，从而在面对新的情况时，模型会给我们提供相应的判断。

为了了解一个机器学习系统的构成，以图 1.1 为例，简要说明机器学习的过程和主要组成部分。

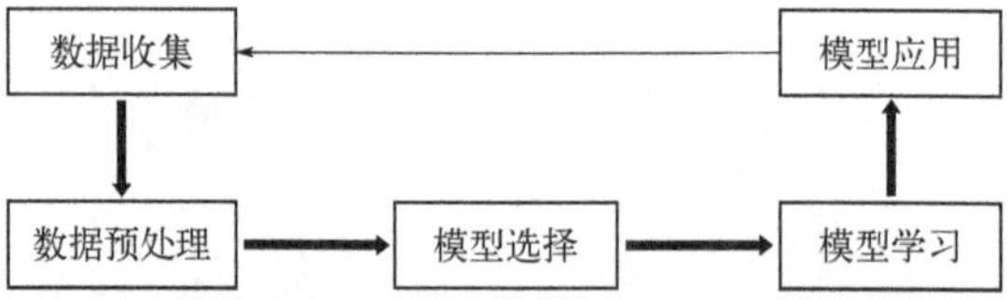

图 1.1 一个机器学习系统的基本结构流程

对于一个需要用机器学习解决的实际问题，首先需要收集数据，根据任务不同，收集数据的方式各有不同。收集到数据以后，需要对数据进行处理，如规范数据结构、删除一些不合格的数据、数据缺失值处理等，我们将其称为数据的预处理。

完成数据预处理之后，将根据实际问题的需求及数据的特征，选择恰当的模型，并通过数据对模型进行学习。这里所谓的模型，是指机器学习最终需要确定的一种数学表示形式。目前，人们已经提出了多种不同的机器学习模型或假设，如线性回归、支撑向量机、神经网络等。对于一个机器学习任务，通常会先选定一种模型，如目前图像识别首选的一般是神经网络模型，尤其是卷积神经网络。模型选定后，基于已收集并预处理的数据集，通过机器学习算法确定模型，其过程包括训练、验证和测试等，甚至需要在模型选择和模型学习之间反复循环。学习并确定模型的过程称为学习过程或训练过程。

当机器学习模型确定后，该模型可用于对新的输入作出结果推断，这一阶段称为预测。一般的机器学习算法中，学习过程和推断过程的复杂度是不平衡的。大多数机器学习算法，在使用大量数据进行学习的过程中，需要耗费大量的计算资源，但推断过程往往更简单快捷。

一个机器学习系统开始应用后，其结果可以反馈给设计者，同时设计者可以利用数据进一步改进并更新系统，从而得到更好的实际体验。一个学习系统的完成大致是这样的过程。在机器学习发展的过程中，有多个组织公布了各类数据集，用于实验和评估算法。

机器学习的应用领域很广，应用较深入且人们较为熟悉的领域有图像分类和识别、计算机视觉、语音识别、自然语言处理、推荐系统、网络搜索引擎等；在无人系统领域的应用有智能机器人、无人驾驶汽车、无人机自主系统等；在一些更加专业的领域，如通信与信息系统领域，应用包括通信、雷达等的信号分类和识别、通信信道建模等；此外，在生命科学和医学、机械工程、金融和保险、物流航运等众多领域也受到了广泛的应用。

1.1.2　机器学习中的一些基本概念

（1）输入空间

要进行机器学习，最关键的是要有数据，数据的集合称为数据集（data set）。数据集中的一条记录叫作样本（sample）或实例（instance），是对一个事件或对象的描述。反映事件或对象在某方面的表现或性质的事项，称为输入（input）或特征（feature）。将输入所有可能取值的集合称为输入空间（input space）。每个具体的输入通常用特征向量（feature vector）来表示，所有特征向量存在的空间称为特征空间（feature space），特征向量的每一维对应一个特征。有时假设输入空间和特征空间为相同的空间，不予以区分；有时假设输入空间和特征空间为不同的空间，须将实例从输入空间映射到特征空间。通常，模型都是定义在特征空间上的。

一般地，令 $\boldsymbol{D}=\{\boldsymbol{x}_1,\boldsymbol{x}_2,\cdots,\boldsymbol{x}_n\}$ 表示包含 n 个样本的数据集，每个样本有 p 个特征描述，即每个样本 $\boldsymbol{x}_i=(x_{i1},x_{i2},\cdots,x_{ip})$（$i=1,2,\cdots,n$）是一个 p 维向量，其中 x_{ij}（$j=1,2,\cdots,p$）是第 i 个样本在第 j 个特征上的取值，p 称为样本维数（dimensionality）。

（2）输出空间

将所有输出可能取值的集合称为输出空间（output space），即模型的预测目标空间。如垃圾邮件检测系统的输出空间只有两个元素，即 {垃圾邮件，正常邮件}；一个股票预测系统的输出空间则是一维实数域。

（3）假设空间

机器学习的目的在于学习一个由输入到输出的映射，这一映射由模型来表示。换句话说，学习的目的就在于找到最好的这种模型。模型属于由输入空间到输出空间的映射的集合，这个集合就是假设空间（hypothesis space），即假设空间是指能够表示从输入空间到输出空间映射关系的函数空间。例如，线性回归模型 $\boldsymbol{y}=\beta_0+\sum_{j=1}^{p}\boldsymbol{x}_j\beta_j$，其假设空间为将 p 维向量空间映射为一维实数空间的所有线性函数的集合。假设空间的确定意味着学习范围的确定，在很多机器学习算法中，这些空间往往是自明的，故一般不会特别关注。但在机器学习理论中，各空间往往是有预先假设的，如假设假设空间是有限的还是无限的，通常覆盖数和 VC 维是对假设空间进行假设时常用到的两个参数。

在机器学习中，有没有一个通用模型对所有问题而言都是最佳的？答案是否定的。Wolpert 提出：对于一个具体问题，我们可以通过交叉验证这类方法实验地选择最好的模型，但没有一个最好的通用模型。正因为如此，需要研究发展各种不同类型的模型以处理现实世界的各类问题。

另外需要注意的是，对于解决一个实际问题，并不是选择越先进、越复杂的模型就越好。模型选择和系统实现的一个基本原则是 Occam 剃刀原理，其基本内容是：在所有可能选择的模型中，能够很好地解释已知数据并且十分简单才是最好的模型，也是应该选择的模型。换句话说，除非必要，“实体”不应该随便增加，或设计者不应该选择比“必要”更加复杂的系统。这个问题也可以表示为方法的“适宜性”，即在解决一个实际问题时选择最适宜的模型才是最好的。

1.2　机器学习三要素

按照统计机器学习的观点，任何一个机器学习方法都是由模型（model）、策略（strategy）和算法（algorithm）三个要素构成的，具体可理解为机器学习模型在一定的优化策略下使用相应求解算法来达到最优目标。

1.2.1　模型

机器学习的第一要素是模型。机器学习中的模型就是要学习的决策函数或者条件概率分布，即机器学习算法采用的具体数学表示形式。从大类型来讲，模型可分为参数模型和非参数模型。非参数模型的表示随具体应用而定，不易给出一个一般的表示。参数模型可表示为

$$\mathscr{F} = \{f \mid \boldsymbol{Y} = f_{\boldsymbol{\theta}}(\boldsymbol{X}), \boldsymbol{\theta} \in \boldsymbol{R}^n\}$$

其中，$\boldsymbol{X}$ 和 $\boldsymbol{Y}$ 是定义在输入空间和输出空间上的变量；$\mathscr{F}$ 是假设空间；参数向量 $\boldsymbol{\theta}$ 取值于 n 维欧氏空间 $\boldsymbol{R}^n$，称为参数空间（parameter space）。

参数模型可分为线性模型（linear model）和非线性模型（nonlinear model），这里的线性通常是输出和输入之间的关系。线性模型具有简洁的表达形式，易于建模，且蕴含着机器学习中一些重要的基本思想。许多功能更为强大的非线性模型可在线性模型的基础上通过引入层次结构或高维映射而得到。此外，由于回归参数直观表达了各个属性特征在预测中的重要性，因此线性模型有很好的可解释性，因而得到了广泛的研究和应用。

机器学习中，人们已经构造出了多种模型，如支持向量机、决策树、

K-means 聚类以及神经网络等。不同的模型适用于不同的学习任务，难有一种模型适用于所有问题。在机器学习过程中，需要预先选择一种模型，确定模型的规模，然后进行训练，若无法达到目标，可以改变模型的规模，或改变模型的类型进行重新学习，找到最适合的模型。

模型并不是越复杂越好。例如，对于一个回归模型，损失函数假设为模型输出与期望输出之间的均方误差。在数据集是有限的情况下，若选择一个非常复杂的模型，模型的表达能力很强，则训练过程中可能使得训练误差趋近于甚至为 0。但这样的模型或许并不是最优的，因为数据的获取过程中难免存在噪声，模型为了尽可能使得训练误差小，可能过度拟合了噪声的趋向，由于噪声是非常杂乱的，拟合的模型可能局部变化过于剧烈，这种模型可能对于新的预测性能不好，或者说测试误差很大。这种情况称为过拟合（overfitting），其基本思想为训练误差很小，但测试误差很大，即泛化能力很差。

欠拟合（underfitting）是另一种趋向，即模型过于简单，无法表达数据中较复杂的变化规律，因此训练误差无法下降到较小的程度。既然对训练样本都无法得到好的拟合，也就谈不上有好的泛化性能。在机器学习模型选择过程中，不希望出现过拟合和欠拟合。实际上，为避免欠拟合，往往会选择一些相对复杂的模型，而克服模型过拟合的一种方法是正则化（regularization）。正则化的基本做法是对损失函数增加一个约束项，约束项用于控制模型复杂度。在约束项上施加一个参数 λ，用于平衡损失函数与约束项的影响强度，λ 是一种超参数，通常通过交叉验证的方式来确定。

1.2.2 策略

机器学习的第二个要素是策略。简单来说，就是在假设空间的众多模型中，机器学习需要按照什么样的准则或标准学习或选择最优模型。为了便于大家更好地理解，首先引入损失函数和风险函数的概念。损失函数度量模型一次预测的好坏，风险函数度量平均意义下模型预测的好坏。

（1）损失函数与风险函数

机器学习问题是在假设空间选取最优模型 f，对于给定的输入 $\boldsymbol{X}$，由 $f(\boldsymbol{X})$

给出相应的输出 $\boldsymbol{Y}$，这样输出的预测值 $f(\boldsymbol{X})$ 与真实值 $\boldsymbol{Y}$ 可能一致也可能不一致，用一个损失函数（loss function）或代价函数（cost function）来衡量预测误差的程度。损失函数是 $f(\boldsymbol{X})$ 和 $\boldsymbol{Y}$ 的非负实值函数，记作 $L[\boldsymbol{Y},f(\boldsymbol{X})]$。

机器学习中常用的损失函数有如下几种：

① 0-1 损失函数（0-1 loss function）

$$L[\boldsymbol{Y},f(\boldsymbol{X})]=\begin{cases}1, & \boldsymbol{Y}\neq f(\boldsymbol{X})\\ 0, & \boldsymbol{Y}=f(\boldsymbol{X})\end{cases}$$

② 平方损失函数（quadratic loss function）

$$L[\boldsymbol{Y},f(\boldsymbol{X})]=[\boldsymbol{Y}-f(\boldsymbol{X})]^2$$

③ 绝对值损失函数（absolute loss function）

$$L[\boldsymbol{Y},f(\boldsymbol{X})]=[\boldsymbol{Y}-f(\boldsymbol{X})]$$

④ 分位数损失函数（quantreg loss function）

$$L[\boldsymbol{Y},f(\boldsymbol{X})]=\rho_\tau[Y-f(\boldsymbol{X})]$$

其中，$\rho_\tau(u)=u\{\tau-1(u\leqslant 0)\}$ 是分位数损失函数，具有一定的稳健性。

损失函数值越小，模型就越好。由于模型的输入、输出（$\boldsymbol{X},\boldsymbol{Y}$）是随机变量，服从联合分布 $P(\boldsymbol{X},\boldsymbol{Y})$，所以损失函数的期望是

$$R_{\text{exp}}=E_p\{L[\boldsymbol{X},f(\boldsymbol{X})]\}=\int L[y,f(x)]P(x,y)\mathrm{d}x\mathrm{d}y$$

这是理论上模型 $f(\boldsymbol{X})$ 关于联合分布 $P(\boldsymbol{X},\boldsymbol{Y})$ 的平均意义下的损失，称为风险函数（risk function）或期望损失（expected loss）。

学习的目标就是选择期望风险最小的模型。由于联合分布 $P(\boldsymbol{X},\boldsymbol{Y})$ 是未知的，R_{exp} 不能直接计算。实际上，如果知道联合分布 $P(\boldsymbol{X},\boldsymbol{Y})$，可以直接从联合分布求出条件概率 $P(\boldsymbol{Y}|\boldsymbol{X})$，也就不需要学习了。正是因为不知道联合概率分布，所以才需要学习。这样一来，一方面根据期望风险最小学习模型需要用到联合分布，另一方面联合分布又是未知的，所以机器学习问题就成为了一个病态问题（ill-formed problem）。

给定数据集 $\boldsymbol{D}=\{(\boldsymbol{x}_i,y_i)\}_{i=1}^n$，模型 $f(\boldsymbol{X})$ 关于训练数据集的平均损失称为经验风险（empirical risk）或经验损失（empirical loss），记作 R_{emp}：

$$R_{\mathrm{emp}}=\frac{1}{n}\sum_{i=1}^{n}L[y_i,f(\boldsymbol{x}_i)]$$

期望风险 $R_{\exp}$ 是模型关于联合分布的期望损失，经验风险 R_{emp} 是模型关于训练样本集的平均损失。根据大数定律，当样本个数 n 趋于无穷时，经验风险 R_{emp} 趋于期望风险 $R_{\exp}$。所以一个很自然的想法是用经验风险估计期望风险。但是，由于现实中训练样本个数有限，甚至很小，所以用经验风险估计期望风险常常并不理想，要对经验风险进行一定的矫正，其基本策略为经验风险最小化和结构风险最小化。

（2）经验风险最小化与结构风险最小化

在假设空间、损失函数以及数据集确定的情况下，经验风险函数式就可以确定。经验风险最小化（empirical risk minimization，ERM）的策略认为，经验风险最小的模型就是最优的模型。根据这一策略，按照经验风险最小化求最优模型就是求解最优化问题：

$$\min_{f\in\mathscr{F}}\frac{1}{n}\sum_{i=1}^{n}L[y_i,f(\boldsymbol{x}_i)]$$

其中，$\mathscr{F}$ 是假设空间。

当样本量足够大时，经验风险最小化能保证有很好的学习效果，在现实生活中被广泛采用。比如，极大似然估计（maximum likelihood estimation）就是经验风险最小化的一个例子。当线性模型误差为正态分布，损失函数是平方函数时，经验风险最小化就等价于极大似然估计。

但是，当样本量很小时，经验风险最小化容易产生过拟合现象。结构风险最小化（structural risk minimization，SRM）是为了防止过拟合而提出的策略，结构风险最小化等价于正则化。结构风险在经验风险上加上表示模型复杂度的正则化项或罚项。在假设空间、损失函数以及数据确定的情况下，结构风险的定义是

$$R_{\mathrm{srm}}=\frac{1}{n}\sum_{i=1}^{n}L[y_i,f(\boldsymbol{x}_i)]+\lambda P(f)$$

其中，$P(f)$为模型的复杂度，是定义在假设空间上的泛函。模型 f 越复杂，复杂度 $P(f)$就越大；反之，模型 f 越简单，复杂度 $P(f)$就越小。也就是说，复

杂度表示对复杂模型的惩罚。$\lambda \geqslant 0$ 是系数，用以权衡经验风险和模型复杂度。结构风险小，需要经验风险和模型复杂度同时小。结构风险小的模型，往往对训练数据以及未知的测试数据都有较好的预测。

结构风险最小化的策略认为结构风险最小的模型是最优的模型。所以求最优模型，就是求解最优化问题：

$$\min_{f \in \mathscr{F}} \frac{1}{n} \sum_{i=1}^{n} L[y_i, f(\boldsymbol{x}_i)] + \lambda P(f)$$

这样，机器学习问题就变成了经验风险或结构风险的最优化问题，这时经验或结构风险函数是最优化的目标函数。

1.2.3　算法

机器学习的最后一个要素是算法。这里的算法是指学习模型的具体计算方法。基于训练数据集，根据学习策略，从假设空间中选择最优模型，最后需要考虑用什么样的计算方法求解最优模型，从而使得机器学习问题归结为最优化问题，机器学习的算法成为求解最优化问题的算法。对于参数模型，需要用训练数据对描述模型的目标函数进行优化得到模型参数。如果最优化问题有显式的解析解，这个问题就相对比较简单。但一般情况下，对于较为复杂的机器学习模型，难以得到对参数解的闭式公式，需要用优化算法进行迭代寻解。若一类机器学习问题直接使用已有的优化算法即可有效求解，则直接使用这些算法；若没有直接求解算法，或直接使用现有算法效率较低，则可针对具体问题设计改进现有算法或探索新的算法。

1.3　机器学习分类

机器学习包括监督学习（supervised learning）、无监督学习（unsupervised learning）、半监督学习（semi-supervised learning）以及强化学习（reinforcement learning）。下面对其进行介绍。

1.3.1 监督学习

监督学习的任务是学习一个模型，使模型能够对任意给定的输入，对其相应的输出做出一个好的预测。监督学习中，数据形式 $\boldsymbol{D}=\{(\boldsymbol{x}_i, y_i)\}_{i=1}^{n}$，其中 $(\boldsymbol{x}_i,y_i)$ 代表一个样例，称为一个样本。$\boldsymbol{x}_i$ 代表输入向量或特征向量；y_i 代表输出，也称为标签（label），体现了监督学习的主要特点。监督学习的任务就是设计学习算法，利用带有标签或输出的数据集，通过学习过程得到一个数学模型

$$y=f(x)$$

值得注意的是，上式的数学模型是广义的函数形式，可能是一个显式的数学函数，也可能是概率公式，也可能是一种树形的决策结构，在一类具体模型中 $f(x)$ 有其确定的形式。

监督机器学习可以分为两个阶段：一是学习过程或训练过程，二是预测过程或推断过程。在学习过程中，使用带有标签的数据集，得到确定的模型；在推断过程中，给出新的特征向量或输入，代入学习过程中得到的模型中计算出对应的结果。例如，在垃圾邮件检测系统中，通过数据集得到一个形如 $y=f(x)$ 的模型，当邮件服务器收到一封新邮件，它抽取新邮件的特征，代入 $y=f(x)$ 中判断是否为垃圾邮件。在多数机器学习系统中，学习过程往往非常耗时，但推断过程的计算更简单，从计算资源开销角度讲，训练过程和预测过程是不平衡的。

监督学习模型是目前应用最广泛的学习方法，从功能上讲，监督学习主要有分类（classification）、回归（regression）和排序三种类型。

（1）分类

分类是监督学习的一个核心问题。在监督学习问题中，当输出变量 Y 取有限个离散值时，预测问题便成为分类问题。此时，输入变量 X 可以是离散的，也可以是连续的。监督学习从数据中学习一个分类模型或分类决策函数，称为分类器（classifier）。分类器对新的输入进行输出的预测（prediction），称为分类，可能的输出称为类（class）。分类的类别为多个时，称为多分类问题。

对于分类问题，首先在学习过程中，根据已知的训练数据集利用有效的学习方法学习一个分类器；其次在分类过程中，利用学习的分类器对新的输入实例进行分类。具体可用图 1.2 来表示。图 1.2 中 $\boldsymbol{D}=\{(\boldsymbol{x}_i,y_i)\}_{i=1}^n$ 是训练数据集，学习系统由训练数据学习一个分类器 $P(Y|\boldsymbol{X})$或 $Y=f(\boldsymbol{X})$；分类系统通过学习到的分类器对新的输入实例 $\boldsymbol{x}_{n+1}$ 进行分类，即预测其输出的类标签 y_{n+1}。

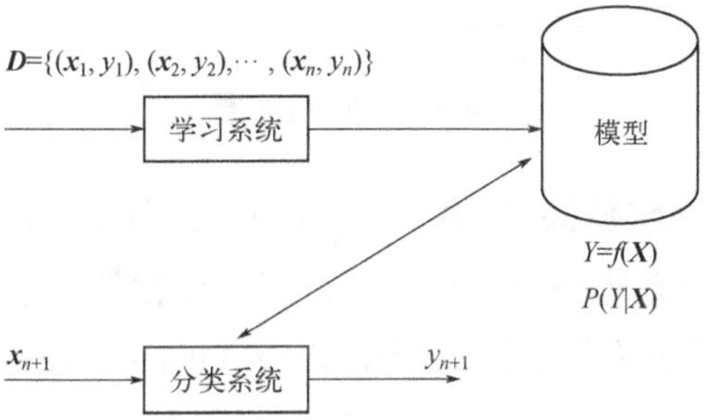

图 1.2　分类问题

许多机器学习方法可用于分类，如 k 近邻、感知机、支撑向量机、决策树、神经网络等。评价分类器性能的指标一般是分类准确率（accuracy），其定义为：对应给定的测试数据集，分类器正确分类的样本数与总样本数之比。此外，对应二分类问题，精确率（precision）、召回率（recall）和 F_1 值也是常用的评价指标。

分类在于根据其特性将数据“分门别类”，所以在许多领域都有着广泛的应用。例如，在银行业务中，可以构建一个客户分类模型，对客户按照贷款风险的大小进行分类；在网络安全领域，可以利用日志数据的分类对非法入侵进行检测；在图像处理中，分类可以用来检测图像中是否有人脸出现；在手写识别中，分类可以用于识别手写的数字。

（2）回归

回归是监督学习的一个重要问题。回归用于预测输入变量（自变量）和输出变量（因变量）之间的关系，特别是当输入变量的值发生变化时，输出变量的值随之发生的变化。本质上，回归模型正是表示从输入变量到输出变量之间的映射函数，回归问题的学习等价于函数拟合。

回归问题的学习和预测过程可用图 1.3 来表示。

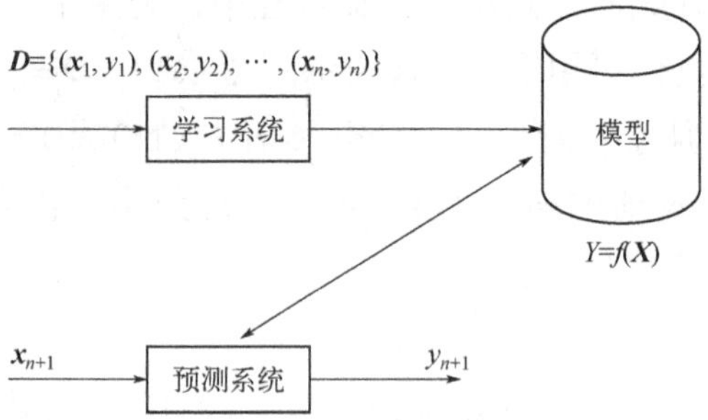

图 1.3 回归问题

首先给定一个训练数据集 $\boldsymbol{D}=\{(\boldsymbol{x}_i, y_i)\}_{i=1}^n$，其中 $\boldsymbol{x}_i \in \boldsymbol{R}^p$ 是输入，$y_i \in R$ 是对应的输出。学习系统基于训练数据构建一个模型，即函数 $Y=f(\boldsymbol{X})$；对新的输入 $\boldsymbol{x}_{n+1}$，预测系统根据学习的模型 $Y=f(\boldsymbol{X})$确定相应的输出 y_{n+1}。

回归问题按照输入变量的个数，分为一元回归和多元回归；按照输入变量和输出变量之间关系的类型即模型的类型，分为线性回归和非线性回归。回归学习最常用的损失函数有平方损失函数和绝对值损失函数。

许多领域的任务都可以形式化为回归问题。比如，回归可以用于商务领域，作为市场趋势预测、产品质量管理、股票价值预测等的工具。作为例子，简单介绍股票价值预测问题。假设知道某一公司在过去不同时间点（比如，每天）的市场上的股票价格（比如，股票平均价格），以及在各个时间点之前可能影响该公司股票的信息（比如，该公司前一周的营业额、利润）。目标是从过去的数据中学习一个模型，使它可以基于当前的信息预测该公司下一个时间点的股票价格，可以将这个问题作为回归问题解决。具体地，将影响股票的信息视为输入变量，将股票价格视为输出变量，将过去的数据作为训练数据，就可以学习一个回归模型，并对未来的股票进行预测。

（3）排序

排序是随着信息检索的应用发展起来的一种学习方法，模型的输出是一个按照与检索词相关程度排序的列表。本书重点关注回归问题，故而不再进一步讨论排序，有兴趣的读者可自行阅读相关文献。

1.3.2　无监督学习

对应无监督学习，数据集不带标签，即数据集的形式为

$$\boldsymbol{D}=\{(\boldsymbol{x}_i)\}_{i=1}^{n}$$

由于没有标签，因此不知道 $\boldsymbol{x}_i$ 对应的是什么，与监督学习对比，相当于没有“教师”这一项参与学习过程。无监督学习需要从数据自身发现一些现象或模式，一般来讲，无监督学习没有统一的很强的目标，但有一些典型的类型，如聚类（clustering）、降维与可视化、密度估计等。

聚类是无监督学习中最常见的一类，从数据中发现聚类现象，分别聚成多个类型，每个类型有一些同质化的性质。例如，人口调查的数据可进行聚类分析，对于各类找出一些共同的特征（属性）。降维是另一种常见的无监督学习方法，如主分量分析，可将输入的高维向量用一个低维向量逼近，用低维向量代替高维向量作为机器学习后续处理的输入，好的降维方法对后续学习过程性能的降低不明显。降维的另一种应用是可视化，高维数据无法用图形查看，将高维数据降维成二维或三维数据，可通过图形显示数据集，从而得到直观的感受。一般假设数据集来自一个联合概率密度函数 $p(x)$，但是并不知道这个概率密度函数是什么，可以通过样本集估计概率密度函数，其用处十分广泛。

1.3.3　半监督学习

半监督学习可认为是处于监督学习和无监督学习之间的一种类型。对样例进行 标注大多需要人工进行，有些领域的样本需要专家进行标注，标注成本高，耗费时间长，所以一些样本集中只有少量样本标注，而其他样本没有标注，这样的样本集需要半监督学习方法。半监督学习大多结合监督学习和无监督学习进行。

1.3.4　强化学习

强化学习（reinforcement learning，RL）研究智能体如何基于对环境的认

知做出行动以最大化长期受益，是解决智能控制问题的重要机器学习方法，如图 1.4 所示。

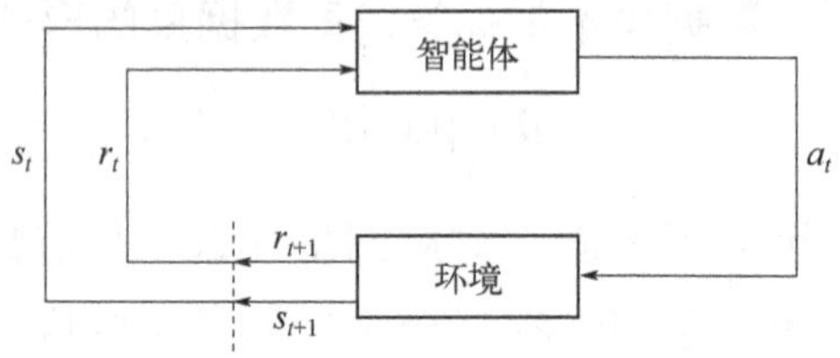

图 1.4　强化学习问题

图 1.4 给出了强化学习的基本原理。假设在时刻 $t = 1,2,\cdots$ 环境所处的状态为 s_t，智能体在当前状态执行一个动作 a_t，环境跳转到新状态 s_{t+1}，并反馈给智能体一个奖励 r_{t+1}。这个闭环过程在长期收益最大化原则的指导下，寻找到好的甚至最优或接近最优的策略，从而对问题进行求解。

下面通过一个例子对强化学习进行一个直观的理解。例如，训练一个智能体与人类对抗玩一类游戏，游戏的每步可能会得分或失分，把得分值作为一种奖励。奖励只能评价动作的效能，并不能直接指导智能体怎样做下一步动作，并且奖励的长期积累（长期收益）决定游戏的最终输赢。起始时智能体的策略可能为随意动作，不太可能赢得游戏，需要不断试错以改进策略，找到在各种游戏状态下动作的最优选择，即最优策略。在强化学习的过程中，尽管奖励和长期收益可能指导模型最终学习到好的策略，但是奖励本身只是一种评测，并不能指导下一步该怎么做，与监督学习相比，强化学习的监督力是弱的（对比监督学习，监督学习的标签会指出在每个状态该如何动作）。

1.4　回归模型发展现状

1.4.1　线性回归

线性回归是回归分析中最为重要的一个模型，因为一方面其本身较为简单，便于分析利用，另一方面为其他回归模型的进一步研究奠定了良好的基

础。线性回归模型如下:

$$y_i = x_{i1}\beta_1 + x_{i2}\beta_2 + \cdots + x_{ip}\beta_p + \epsilon_i,\ i = 1,2,\cdots,n$$

其中，n 为样本个数；y_i 为响应变量或因变量；x_i 表示 p 维预测变量或自变量；$\beta_j (j = 1,\cdots,p)$为待估回归参数，ϵ_i 为建模误差。通常，将其写成如下形式:

$$\boldsymbol{Y} = \boldsymbol{X\beta} + \boldsymbol{\epsilon}$$

其中，$\boldsymbol{X} = \begin{pmatrix} x_{11} & \cdots & x_{1p} \\ \cdots & \cdots & \cdots \\ x_{n1} & \cdots & x_{np} \end{pmatrix}$称为设计矩阵，$\boldsymbol{Y} = (y_1,\cdots,y_n)^{\mathrm{T}}$称为输出向量，$\boldsymbol{\epsilon} = (\epsilon_1,\cdots,\epsilon_n)^{\mathrm{T}}$称为误差向量，$\boldsymbol{\beta} = (\beta_1,\cdots,\beta_p)^{\mathrm{T}}$为待估参数向量。

变量选择和参数估计是线性回归的两个主要任务，下面给出详细的介绍。

（1）两步法

传统的用于求解回归问题的方法主要包括两步，具体如下。

第一步进行变量选择，即选出对因变量有重要影响的自变量；第二步估计第一步中选出的自变量的系数。

常见的变量选择方法主要包括如下两种:

- 最优子集法（best-subset selection）: 从只有截距项而没有任何自变量的模型 M_0 开始，用不同的自变量组合进行拟合，从中分别挑选出一个最好的模型（通常取 RSS 最小），则共有 $p + 1$ 个模型，即含有 1 个自变量的模型 M_1，含有 2 个自变量的模型 M_2，直到含有所有自变量的模型 M_p。最后比较这 $p + 1$ 个模型的 RSS，选出具有最小 RSS 的模型，即为最好的模型。
- 逐步选择法（stepwise selection）: 该方法具体又包括前进法（forward selection）、后退法（backward selection）和混合法（mixed selection）三种。第一种是在不含任何变量的空集中逐步加入变量，后一种则是在包含所有变量的全集中逐步剔除变量。

前进法具体过程如下：第一步设置每个变量的系数为 0，初始残差为 y；第二步从未被选过的变量中选择与 y 相关性最大的一个变量，加入到当前模型中进行新的拟合，将所得新的残差赋给 y，重复这一过程，直到选了 k 个变量。需要注意的是，每次加入一个新的变量，对于入选集合中的所有变量会做一次拟合，所以所有变量的系数都会改变。后退法：从含有所有自变量的模型 M_p 开始，每次从模型中去掉相关性最小的变量，直到只剩下 k 个变量。前进法和后退法都属于贪心算法，能够达到局部最优，但是从全局来看不一定是最优的。前进法虽然每一次都能选取最显著的一个自变量，但在实际情况下，很可能有的自变量在开始时是显著的，但是在其余自变量添加进去之后，它就变得不显著了，而前进法并不能剔除该变量，后退法则很容易会遗漏一些刚开始并不显著但事实上很重要的变量。混合法同样是从 M_0 开始，和前进法一样逐渐加入自变量，区别在于当某个变量的 p 值大于给定阈值时，则移除该变量。重复这样的步骤，直到模型中所有的变量都有足够低的 p 值。显然，混合法容易导致过拟合。

从计算的角度来讲，最优子集法只适用于变量个数较少的情况。从统计学的角度来看，如果变量很多，最优子集法很容易产生过拟合的问题。因此通常在变量较多的情况下，选用逐步回归法来进行变量选择。但无论哪种方法，当自变量维数较高时，其计算量均是巨大甚至不可行的。

基于上述变量选择方法，在确定最佳子集后，需要对其相应的系数值做出估计。经典的系数估计方法主要是最小二乘估计（least squares estimator，LS）。

- 最小二乘估计

$$\hat{\boldsymbol{\beta}} = \arg\min_{\beta} \frac{1}{2n} \sum_{i=1}^{n} (y_i - \boldsymbol{x}_i^{\mathrm{T}} \boldsymbol{\beta})^2$$

当模型误差服从正态分布时，最小二乘估计等价于极大似然估计。在一定条件下，最小二乘法可取得最优无偏估计。

然而，由于平方函数的敏感性，使得该估计缺乏一定的稳健性。因此，如下多种稳健估计方法引起了学者们的关注。

- 最小绝对值估计（least absolute values estimator，LAV）：对应于最小二乘估计，该方法也称为最小一乘估计，通过将残差绝对值之和最小化来求解，即：

$$\hat{\boldsymbol{\beta}} = \arg\min_{\beta} \sum_{i=1}^{n} |e_i| = \arg\min_{\beta} \sum_{i=1}^{n} |y_i - \boldsymbol{x}_i^{\mathrm{T}} \boldsymbol{\beta}|$$

LAV 是分位数的特例，对含有异常点的数据具有很强的稳健性，但 LAV

的估计效率相对较低。

- 最小二乘中位数估计（least median of squares，LMS）：LMS 估计最早由 Rousseeuw 于 1984 年提出，它将最小二乘估计中的残差平方和替换为残差平方的中位数，即：

$$\hat{\boldsymbol{\beta}} = \arg\min_{\beta} M(e_i^2) = \arg\min_{\beta} M(y_i - \boldsymbol{x}_i^{\mathrm{T}}\boldsymbol{\beta})^2$$

其中，M 表示中位数。LMS 的基本思想是通过将残差总和替换为较为稳健的中位数，使得最终的估计能够更好地抵抗异常点。尽管 LMS 具有很好的稳健性，但其相对效率很低，因此也限制了其应用。

- 最小截尾二乘估计（least trimmed squares，LTS）：LTS 方法由截尾均值扩展而来，通过最小化截尾残差平方和来求解，模型如下：

$$\hat{\boldsymbol{\beta}} = \arg\min_{\beta} \sum_{i=1}^{q} (e_i^2) = \arg\min_{\beta} \sum_{i=1}^{q} (y_i - \boldsymbol{x}_i^{\mathrm{T}}\boldsymbol{\beta})^2$$

其中，$q = [n(1-\alpha)+1]$是截尾后的样本个数，$[\cdot]$表示取整，$\alpha \in [0,1]$是截尾比例。LTS 具有极高的稳健性，但其相对效率却非常差。因此，LTS 并不适合作为单独的估计量，但对其他的估计量却有着非常重要的作用，如 LTS 残差可以有效地用于异常值诊断。

- 迭代再加权最小二乘估计（iteratively reweighted least squares，IRLS）：IRLS 思想来源于 M 估计，其估计模型如下：

$$\hat{\boldsymbol{\beta}} = \arg\min_{\beta} \sum_{i=1}^{n} \omega_i (e_i / \hat{\sigma}_e) \boldsymbol{x}_i$$

其中，$\hat{\sigma}_e$ 表示残差标准差。求解该估计必须使用迭代程序，因为残差在模型建好前无法得知，而估计结果在残差未知之前也无法求解。具体求解如下：

第一步设定初始迭代 $T = 0$，对数据做最小二乘估计，得到初始值 $\hat{\boldsymbol{\beta}}^0$；第二步根据初始值 $\hat{\boldsymbol{\beta}}^0$ 计算残差 e_i^0，并进一步计算初始权重；第三步选择一个权重函数，并将之用于初始最小二乘残差，求得初始权值 $\omega(e_i^0)$；第四步更新迭代 $T = 1$，用加权最小二乘最小化 $\sum_{i=1}^{n} \omega_i^1 e_i^2$ 得到 $\hat{\boldsymbol{\beta}}^1$；第五步继续使用初始加权最小二乘得到的残差计算新的权重 ω_1^2；第六步将更新的权重 ω_1^2 用在下一次加权最小二乘迭代 $T=2$ 中，估计新的 $\hat{\boldsymbol{\beta}}^2$；第七步重复步骤四到六，直到 $\hat{\boldsymbol{\beta}}$ 稳定。

上述所列变量选择和参数估计方法虽然为回归问题提供了可行的求解方法，但计算量大，对于目前越来越复杂的数据显然存在很大的局限性。

（2）正则化估计方法

Tikhonov 提出的正则化是求解不适定问题的常用技巧之一，它的出现为线性回归中变量的选择和参数的估计提供了一种新的途径，其模型如下：

$$\min_{\beta}\sum_{i=1}^{n}L(\boldsymbol{x}_i,y_i)+P_\lambda(\boldsymbol{\beta})$$

其中，$L(\cdot)$为损失函数，度量学习结果在数据上的误差损失。不同的学习任务需要选择不同的损失函数，如用于回归的平方和绝对值损失，用于分类的 logistic 和 0-1 损失。回归问题区别于分类问题的一个重要特点是损失函数可以取任意的非负数，而分类问题中只能取固定有限值。另外，不同的损失函数具有不同的性质，如绝对值损失相比于平方损失，具有较高的稳健性。根据不同的学习任务和学习目标，选择恰当的损失函数尤为重要。$P(\cdot)$为惩罚项或正则化项，包含数据的先验信息，是对回归参数解空间的一种惩罚或约束。$\lambda>0$ 为调整两者之间关系的正则化参数，其取值对模型的泛化能力和可解释性有着重要的影响。当 $\lambda\to 0$ 时，正则化问题主要关注损失函数项，此时模型的复杂度增加以更好地拟合多个训练数据。当 $\lambda\to\infty$时，表示模型复杂度的正则化项起到主导作用。由此可见，模型的复杂度随正则化参数的增大而降低。众多研究表明，随着模型复杂度的升高，得到的模型从欠拟合模型变为合适模型，泛化误差随之降低；当模型复杂度继续升高，模型又从合适模型趋于过拟合模型，泛化误差再次变大。因此，选择恰当的参数 λ 对正则化方法十分重要，常用的包括有交叉验证、AIC、BIC。实际上，Tikhonov 正则化遵循结构风险最小化（structural risk minimization，SRM）原则。正则化方法的提出也为稳健估计打开了新的思路。

1.4.2 基于邻近信息的回归模型

k 近邻法是机器学习中一种广泛被使用的基本分类方法，其算法思想简单直观：给定一个训练数据样本，对于新的输入实例，在训练数据集中找到与该实例相距最近的 k 个实例，这 k 个实例的类别多属于某个类，就把该输入实例分为这个类。详细介绍如下：给定 n 个样本 $\{(\boldsymbol{x}_i, y_n)\}_{i=1}^{n}$，其中 $\boldsymbol{x}_i \in \boldsymbol{\mathcal{X}} \subseteq \mathbb{R}^n$ 为实例的特征向量，$y_i \in \boldsymbol{\mathcal{Y}} = \{c_1, \cdots, c_K\}$ 为实例的类别。

算法步骤如下：

第一步，根据给定的距离度量，在训练样本 T 中找到与 x 最邻近的 k 个点，包含这 k 个点的 $\boldsymbol{x}$ 的邻域记为 $N_k(\boldsymbol{x})$；第二步，在 $N_k(\boldsymbol{x})$中根据分类决策规则（如多数投票法）决定 $\boldsymbol{x}$ 的类别 y，即

$$y = \arg\max_{c_j} \sum_{x_i \in N_k(x)} I(y_i = c_i) \quad i = 1, \cdots, n;\ j = 1, 2, \cdots, K$$

式中，I 为指示函数，即当 $y_i = c_i$ 时 I 为 1，否则 I 为 0。当 k=1 时，称为最近邻算法。对于输入的实例点 $\boldsymbol{x}$，最近邻法将训练集中与 $\boldsymbol{x}$ 最邻近点的类别作为 $\boldsymbol{x}$ 的类。k 近邻法通常由距离度量，k 值的选择和分类决策规则三部分决定。

k 近邻方法不仅在分类问题中得到了大量的使用，其基本思想也为回归分析提供了十分有力的帮助。众所周知，大部分数据中的个体或变量并不是独立存在的，它们彼此之间存在着一定的联系。例如，在房屋价格的预测中，除了房屋本身的属性（如面积、采光、楼层等）对其有极大影响外，该房屋的邻近房屋出售价格对其也有着不可忽视的影响。以此为例，如果在回归模型中加入样本邻近信息，可以在一定程度上提高模型的预测精度。网络结构图的出现为在回归分析中加入其邻近信息提供了一种强有力的工具。网络的主要构成元素为节点和边，节点为一个复杂系统中的基本单元，边将节点通过某种关系连接起来。如在房价预测中，每个节点代表每个房屋的价格，边代表房屋和房屋之间存在的某种联系。网络将各个个体连接成一个整体，因此有着其自身的结构特点，其中小世界、无标度、社区为网络数据的三个显著特点。小世界指网络中大部分节点虽然彼此并不相连，但绝大部分节点之间经过少数几步即可到达；无标度指网络中节点的度服从幂律分布，其典型特征是存在中心点（Hub），度是指网络中一个节点与其余节点之间形成的边的条数，中心点是指网络中少数度很大的节点。社区指网络中的节点组，同一社区的节点相比于不同社区的节点在某些方面更加相似。

随着信息技术的发展，网络数据的分析与研究引起了极大的关注。如网络结构估计、网络社区发现、网络链接预测等。尽管网络数据在如上几个方面已经有了大量的研究成果，但在回归预测问题方面的研究却屈指可数。因此，本书充分利用网络数据的特点，将其用于回归模型中以提高模型的预测能力。

1.4.3 鲁棒回归模型

科学技术的发展，使得数据采集能力越来越强，与此同时，所收集到的数据中也包含了很多的不确定性，如数据噪声和异常点等，从而急须构造鲁棒的回归模型来降低噪声对回归模型的影响。鲁棒回归模型的构建通常需要从模型结构、目标函数和相应的优化方法三个方面来考虑。根据模型结构，回归模型主要可分为线性模型和非线性模型。目标函数对回归模型的性能影响非常大。通常可以根据噪声的类型来选择相应的损失函数，根据任务目标及数据特征构建相应的正则项，进而得到目标函数。在模型结构和目标函数确定后，就可以采用合适的优化方法对模型参数进行优化。作为一种经典的机器学习方法，回归模型已被广泛用于各个领域，包括医学、经济学、气象环境等领域。传统的回归模型通常假设噪声服从高斯分布或采用最小二乘估计，在此基础上，基于 L_2 损失的各种正则化方法得到了广泛的研究与应用。然而，在实际应用中，由于多种因素的影响，噪声分布通常是不服从高斯分布的。为了解决该问题，当前通常采用两种方法：第一种是先对数据进行去噪处理，然后再用现有的回归模型进行数据分析；第二种方法是直接构造更加鲁棒的损失函数，进而构造更加鲁棒的回归模型来降低噪声对回归模型性能的影响。方法一的最终预测效果与前提数据处理的好坏密切相关，而方法二更为直接明了，因此备受欢迎。其中 L_1 损失、Huber 损失以及分位数损失备受青睐。L_1 损失要比 L_2 损失鲁棒的原因在于，当误差增加时，L_1 损失的值呈线性增加，要比呈指数增加的 L_2 损失值增加得慢且少，很多学者已证明采用 L_1 损失要比 L_2 损失更加鲁棒。Huber 损失可以看作是 L_1 损失和 L_2 损失的组合损失函数，误差较小时采用平方损失，误差较大时采用绝对值损失。因此，Huber 损失比传统的 L_2 损失更为鲁棒。目前，很多文献通过利用 Huber

损失来提高模型的鲁棒性。分位数损失也是目前常用的一种鲁棒损失函数，其主要原因在于基于分位数损失的分位数估计可以得到不同的分位数值，能够更加完整全面地刻画数据信息特征。近年来，随着数据越来越复杂化，基于鲁棒损失函数的模型得到了广泛的研究与应用。基于 L_1 损失，Wang 等提出了鲁棒 Lasso 方法，即 LAD-Lasso，从而实现了特征选择。Wei 等提出了一种统一的损失函数来构建支撑向量机，可用于多种损失函数，具有普适性。Luo 研究了分布式自适应 Huber 回归，该方法允许数据共享，充分起到了隐私保护的效果。对于分位数损失，Fan 将分位数 Lasso 用于处理高维数据，并证明其具有估计和特征选择一致性，保证了学习模型的泛化性。Wang 用分位数回归对超高维数据中的异质性问题进行了分析，在理论和实验方法上均取得了良好的结果。近期，Liu 提出了分布式分位数回归，对其理论性质和求解算法均给出了具体的分析与研究。尽管鲁棒性回归模型已经取得了许多研究成果，并已得到了广泛的应用，但针对非线性回归模型，鲁棒回归模型构建仍属于研究探索阶段。

第2章

基于正则化方法的回归模型

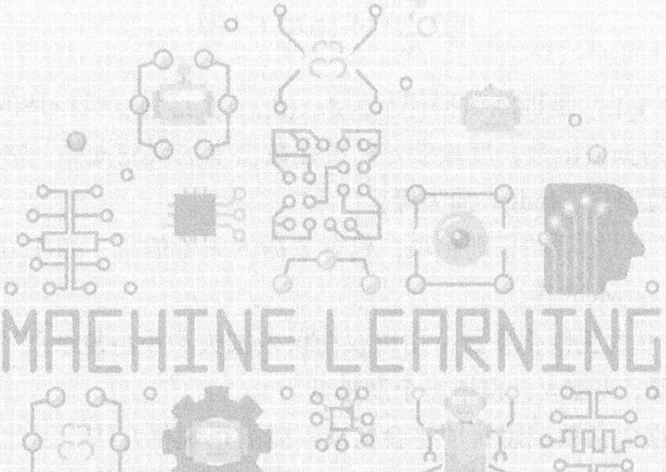

回归模型是机器学习中的一个重要的监督学习模型，因具有较强的可解释性而得到了广泛的应用。回归模型的首要任务是对回归参数进行估计，传统的估计方法主要包括最小二乘和最小一乘估计，然而随着高维海量数据的涌现，上述方法已不再适用。与此同时，正则化方法的提出为求解回归模型参数提供了一种有效的途径。

本章首先介绍正则化方法，然后介绍传统的最小二乘估计及相关正则化模型，最后介绍具有鲁棒性的分位数估计。

2.1 正则化方法

正则化方法始于 20 世纪 40 年代积分方程的研究，现已被广泛用于回归模型的变量选择和参数估计。通常，正则化方法具有如下形式:

$$\min_{\beta}\sum_{i=1}^{n}L(\boldsymbol{x}_i,y_i)+P_\lambda(\boldsymbol{\beta})$$

- $\{(\boldsymbol{x}_i,y_i)\}_{i=1}^n$ 是训练数据样本，$\boldsymbol{\beta}=(\beta_1,\cdots,\beta_p)$ 为 p 维待估的回归系数;
- $L(\cdot)$为损失函数，度量学习结果在数据上的误差损失，常见的有平方损失、绝对值损失、hinge 损失等;
- $P(\cdot)$为惩罚项或正则化项，包含数据的先验信息，如 $L_q(0<q\leqslant 1)$ 范数、SCAD、MCP 等;
- $\lambda>0$ 为正则化参数，用以权衡误差损失和模型复杂度，λ 越小，模型复杂度越高，λ 越大，模型复杂度越低。

不同的损失函数或惩罚项将会构成不同的正则化方法，因此需要一定的评价准则来衡量正则化模型的优劣。众所周知，一个好的估计量通常具有无偏性、有效性和一致性三个特点。无偏性是指估计量的期望值等于未知参数的真实值；任一估计量都是随机变量，对于不同的样本值就会得到不同的估计值，因此我们希望估计值尽可能靠近在未知参数真实值左右，而它的数学期望等于未知参数的真实值，由此引出了无偏性。有效性是指如果两个估计量都满足无偏性，则认为方差较小的估计量更有效；方差是随机变量取值与其数学期望偏离程度的度量，方差越小，则所得估计值越集中。一致性是指当样本量趋于无穷大时，估计值能够依概率收敛于真实值，我们希望随着样本量的增大，一个估计量的值能够稳定于待估参数的真实值，因此便有了一致性的度量。

无偏性和有效性都是基于样本量固定的衡量准则，而一致性是样本趋于无穷时估计的渐近性度量，三个基本性质相互补充，为判断一个估计量好坏提供了良好的评价标准。

类似地，一个好的惩罚函数应该得到一个具有如下三个性质的估计量：

- 无偏性：当$|\boldsymbol{\beta}|$取较大值时，若 $P'(|\boldsymbol{\beta}|) = 0$，则满足无偏性。
- 稀疏性：所得估计满足阈值规则，能自动将小的估计系数设置为零，以减少模型的复杂性，若函数$|\boldsymbol{\beta}| + P'(|\boldsymbol{\beta}|)$的最小值大于 0，则满足稀疏性。
- 连续性：若函数$|\boldsymbol{\beta}| + P'(|\boldsymbol{\beta}|)$的最小值在 0 点处取得，则满足连续性。

基于如上性质，定义真实的回归系数为 $\boldsymbol{\beta}^*$，正则化方法给出的回归估计系数为 $\hat{\boldsymbol{\beta}}$。记 $\boldsymbol{X} = (x_{i1},\cdots,x_{ip})$， $A = \{j : \beta_j^* \neq 0\}$， $\lim\limits_{n\to\infty}\dfrac{1}{n}\boldsymbol{X}^{\mathrm{T}}\boldsymbol{X} = \boldsymbol{C}$ ，$\boldsymbol{C}$ 为正定矩阵，σ^2 为回归模型误差的方差。Fan 和 Li 进一步给出，一个正则化估计方法是 Oracle 估计，若该估计满足如下 Oracle 性：

- 稀疏性（sparsity）：$P(\{\hat{\boldsymbol{\beta}} \neq 0\} = A) \to 1$。
- 渐近正态性（asymptotic normality）：$\sqrt{n}(\hat{\boldsymbol{\beta}}_A - \boldsymbol{\beta}_A^*) \to_d N(0, \sigma^2 \boldsymbol{C}_{AA}^{-1})$。

稀疏性为判断正则化方法是否具有变量选择一致性提供了一个衡量准则，渐近正态性反映了正则化估计的估计一致性和有效性。显然，若一个正则化估计方法具有 Oracle 性，则从理论上来说，该估计就是一个理想的估计方法。下面介绍几种常见的正则化方法。

2.2　基于最小二乘估计的正则化方法

2.2.1　最小二乘估计

考虑线性模型如下：

$$y_i = x_{i1}\beta_1 + x_{i2}\beta_2 + \cdots + x_{ip}\beta_p + \epsilon_i$$

其中，$\boldsymbol{D}=\{\boldsymbol{x}_i,y_i\}_{i=1}^n(i=1,2,\cdots,n)$是训练数据集，$\boldsymbol{x}_i=(x_{i1},x_{i2},\cdots,x_{ip})^{\mathrm{T}}\in\boldsymbol{R}^p$是$p$维输入向量，$y_i\in\boldsymbol{R}$为输出变量，$\epsilon_i$为模型误差，$\beta_j(j=1,2,\cdots,p)$是待估回归参数。

一般用向量形式写成

$$\boldsymbol{Y}=\boldsymbol{X\beta}+\boldsymbol{\epsilon}$$

其中，$\boldsymbol{Y}=(y_1,y_2,\cdots,y_n)$是$n$维输出向量，$\boldsymbol{X}=(x_1,\cdots,x_i,\cdots,x_n)\in\boldsymbol{R}^{n\times p}$称为设计矩阵，$\boldsymbol{\beta}=(\beta_1,\cdots,\beta_p)^{\mathrm{T}}\in\boldsymbol{R}^p$是$p$维参数向量，$\boldsymbol{\epsilon}=(\epsilon_1,\cdots,\epsilon_n)\in\boldsymbol{R}^n$是$n$维误差向量。回归参数$\boldsymbol{\beta}$学得之后，模型就得以确定。因此，根据给定训练数据集$\boldsymbol{D}$估计参数$\boldsymbol{\beta}$是线性模型的根本性任务。

经典的回归参数估计是最小二乘法，即式（1.1）。该方法由德国数学家高斯提出，其基本思想是通过最小化均方误差得到回归模型参数值。当$\boldsymbol{X}^{\mathrm{T}}\boldsymbol{X}$为满秩矩阵或正定矩阵时，通过最小二乘估计可求得

$$\hat{\boldsymbol{\beta}}=(\boldsymbol{X}^{\mathrm{T}}\boldsymbol{X})^{-1}\boldsymbol{X}^{\mathrm{T}}\boldsymbol{y}$$

其中，$(\boldsymbol{X}^{\mathrm{T}}\boldsymbol{X})^{-1}$是矩阵$(\boldsymbol{X}^{\mathrm{T}}\boldsymbol{X})$的逆矩阵。

事实上，现实任务中$\boldsymbol{X}^{\mathrm{T}}\boldsymbol{X}$往往不是满秩矩阵。例如在许多任务中我们会遇到大量的变量，其数目甚至超过样本数，导致$\boldsymbol{X}$的列数多于行数，$\boldsymbol{X}^{\mathrm{T}}\boldsymbol{X}$显然不满秩。解决上述问题常见的方法之一便是引入正则化。

下面将重点介绍几种基于最小二乘估计的正则化方法。

2.2.2 岭回归

岭回归方法由 Andrey Tikhonov 命名，因此该方法也被称为吉洪诺夫正则化（Tikhonov regression），是对已有的最小二乘法的一种改进，常被用于进行线性数据分析。岭回归方法使用 L_2 正则项作为惩罚项，能够有效地解决最小二乘估计可能出现的数值不可逆问题。岭回归模型如下：

$$\hat{\boldsymbol{\beta}}=\arg\min_{\beta}\frac{1}{2n}\sum_{i=1}^{n}(y_i-\boldsymbol{x}_i^{\mathrm{T}}\boldsymbol{\beta})^2+\lambda\sum_{j=1}^{p}|\beta_j|^2 \tag{2.1}$$

其中，第一项为平方损失函数项，第二项为 L_2 正则项，$\lambda>0$ 为正则化参数。对上式求导，并令导数为 0，可得

$$\hat{\boldsymbol{\beta}} = (\boldsymbol{X}^{\mathrm{T}}\boldsymbol{X} + \lambda\boldsymbol{I})^{-1}\boldsymbol{X}^{\mathrm{T}}\boldsymbol{Y}$$

其中，$\boldsymbol{I}$ 为单位矩阵，在上述公式中，对（$\boldsymbol{X}^{\mathrm{T}}\boldsymbol{X}+\lambda\boldsymbol{I}$）做逆运算可以有效避免最小二乘估计中可能出现的不可逆问题。显然，当 λ 趋于 0 时，式（2.1）等同于最小二乘估计，所得解为最小二乘估计解；岭回归是最小二乘估计的改进，但因为选用的罚项二范数不满足稀疏性条件，因此岭回归不具备变量选择的能力，但却为 Lasso 估计的发展奠定了一定的基础。

2.2.3　Lasso 估计

1996 年，Robert Tibshirani 首次提出 Lasso 估计（least Absolute Shrinkage and Selection Operator）这一新方法，主要用于处理高维数据。该方法在最小二乘估计的基础上加入了 L_1 正则项，构造了一个比较精炼的模型。Lasso 模型的基本原理是，压缩一部分回归系数，使剩余平方和最小化，即使这些系数的绝对值之和小于某一个常数，并且通过稀疏化降低模型的复杂度，即将一些回归系数置为 0，以降低数据的维度。其模型如下：

$$\hat{\boldsymbol{\beta}} = \arg\min_{\boldsymbol{\beta}} \frac{1}{2n}\sum_{i=1}^{n}(y_i - \boldsymbol{x}_i^{\mathrm{T}}\boldsymbol{\beta})^2 + \lambda\sum_{j=1}^{p}|\beta_j|$$

其中，第一项为平方损失函数项，第二项为 L_2 正则项，$\lambda > 0$ 为正则化参数。Lasso 估计通过对回归参数的绝对值之和施以一定的约束，能够使部分参数取值为 0，从而达到变量或特征选择的效果，即 Lasso 具有变量选择的能力。因而，自提出后，特别是其求解算法最小角回归（least angle regression）被提出，并伴随着关于 L_1 正则化理论研究的不断开展和完善，Lasso 模型已被越来越多地应用于各个领域。然而，另一方面，众多研究表明 Lasso 并不是无偏估计，而且需要很强的条件才会具有 Oracle 性。因此，更多的罚项引起了人们的关注。

2.2.4　自适应 Lasso

自适应 Lasso（adaptive Lasso）:

$$\hat{\boldsymbol{\beta}}=\arg\min_{\boldsymbol{\beta}}\frac{1}{2n}\sum_{i=1}^{n}(y_i-\boldsymbol{x}_i^{\mathrm{T}}\boldsymbol{\beta})^2+\lambda\sum_{j=1}^{p}\omega_j\,|\,\beta_j\,|$$

为了使得 Lasso 能够在适当的条件下满足 Oracle 性，Zou 提出了 Lasso 的改进版本——自适应 Lasso。事实上，自适应 Lasso 是 Lasso 模型的一种加权版本，权重的加入使得不同的回归系数可以有不同的惩罚或约束，从而进一步提高估计的准确性，理论分析也表明该估计具有 Oracle 性。另外，自适应 Lasso 本质上是关于 L_1 约束的一个凸优化问题，因此，可以采用与 Lasso 同样的求解算法求解。

2.2.5 SCAD 估计

SCAD（smoothly clipped absolute deviation）估计：

$$\hat{\boldsymbol{\beta}}=\arg\min_{\boldsymbol{\beta}}\frac{1}{2n}\sum_{i=1}^{n}(y_i-\boldsymbol{x}_i^{\mathrm{T}}\boldsymbol{\beta})^2+\lambda\sum_{j=1}^{p}p_\lambda(|\,\beta_j\,|)$$

而

$$p_\lambda(|\,\beta_j\,|)=\lambda\{I(|\,\boldsymbol{\beta}\,|\leqslant\lambda)\}+\frac{(a\lambda-|\,\boldsymbol{\beta}\,|)_+}{(a-1)\lambda}I(|\,\boldsymbol{\beta}\,|>\lambda)$$

其中，$a>0$ 为调整参数。

SCAD 方法由 Fan 提出，具备变量选择的能力，能够有效地应用于高维数据处理。在统计的意义下，Fan 证明了 SCAD 具有变量选择的稀疏性、无偏性和连续性，并证明了 SCAD 具有好的理论性质，满足 Oracle 性。SCAD 自提出后因为其良好的统计性质，引起广泛的关注。然而，影响 SCAD 应用的一个主要原因是没有高效的求解算法。Fan 本人提出二次函数逼近罚函数求解，但是基于二次函数逼近的罚函数的解是不稀疏的，因此为得到系数解，需要给定一种截断策略，而这种截断策略的人为选择正是 SCAD 方法不能广泛应用的缺点之一。为了克服这个问题，Kim 基于 CCCP（couple of the concave convex procedure）提出了一种有效的求解算法，并进一步证明 SCAD 估计具有模型选择一致性。Zou 提出了一次逼近算法，其本质是采用 L_1 罚函数逼近方法求解，其本质是 Adaptive Lasso 的变形。

2.2.6　弹性网络回归

弹性网络（elastic net）回归融合了 L_1 正则项和 L_2 正则项的优点，既保留了 Lasso 回归的变量选择能力，又保留了岭回归方法的正则化属性，可用于存在多个特征彼此相关的情况。其模型如下：

$$\hat{\boldsymbol{\beta}} = \arg\min_{\boldsymbol{\beta}} \frac{1}{2n}\sum_{i=1}^{n}(y_i - \boldsymbol{x}_i^{\mathrm{T}}\boldsymbol{\beta})^2 + \lambda_1\sum_{j=1}^{p}|\beta_j|^2 + \lambda_2\sum_{j=1}^{p}|\beta_j|$$

研究表明，如果有一组变量的两两相关性非常高，那么 Lasso 倾向于只从中选择一个变量，并且并不在意哪个被选择。为了解决这个问题，Zou 等提出了 Elastic Net 估计。与 Lasso 模型类似，Elastic Net 估计能够同时进行变量选择和参数估计。并且可以选择组相关变量。形象地说，它就像一张可伸缩的渔网，把所有的大鱼都留住。人工数据集和实际数据实例均表明，Elastic Net 在预测精度上往往优于 Lasso。

2.3　鲁棒（稳健）正则化方法

基于传统的稳健估计方法，众多学者展开了对稳健正则化方法的研究。Yu 等研究了高维稳健回归，为如何选择最优目标函数提供了坚实的理论支撑。Loh 对稳健 M 估计的一致性和渐近正态性展开了研究，首先建立了局部一致性估计，给出了回归系数估计误差界；其次证明只要组合梯度下降算法（composite gradient gescent algorithm）满足一定条件，其估计值将会在某一局部区域以一定的比率取得稳定；理论和实验均表明所研究方法对重尾误差和异常点的有效性。Wainwright 和 Loh 进一步研究了非凸 M 估计，为各种正则化 M 估计方法建立了统一的理论分析，其中损失函数和罚项都可是非凸的；在优化方面，笔者提出一个简单改进的复合梯度下降法，该算法可以用来计算一个精度较高的全局最优解。Zhang 等对坐标可分割的 M 估计下界进行了讨论。也有部分学者对 LTS 的稳健估计方法展开了研究。此外，Chen 等通过熵不等式，首次提出了一种惩罚组合似然法（profile likelihood method)，该方法对异常值和有重尾的误差具有鲁棒性，对方差为无穷大的误差也能很好地处理。Zwald 等通过 Huber 损失和自适应 Lasso 为稳健回归做了具体分析和介绍，为研究稳健估计方法提供了指导。

整体而言，广泛被使用的稳健正则化估计方法大致可分为如下几种：

- 基于最小一乘（least absolute derivation/value，LAV 或 LAD）：

$$\hat{\boldsymbol{\beta}} = \arg\min_{\boldsymbol{\beta}} \sum_{i=1}^{n} | y_i - \boldsymbol{x}_i^{\mathrm{T}} \boldsymbol{\beta} | + \lambda \sum_{j=1}^{p} P(\boldsymbol{\beta}) \tag{2.2}$$

- 基于分位数损失（quantile regressin，QR）：

$$\hat{\boldsymbol{\beta}} = \arg\min_{\boldsymbol{\beta}} \sum_{i=1}^{n} \rho_\tau (y_i - \boldsymbol{x}_i^{\mathrm{T}} \boldsymbol{\beta}) + \lambda \sum_{j=1}^{p} P(\boldsymbol{\beta}) \tag{2.3}$$

- 基于加权最小二乘（weighted least squares，WLS）：

$$\hat{\boldsymbol{\beta}} = \arg\min_{\boldsymbol{\beta}} \sum_{i=1}^{n} \omega_i (y_i - \boldsymbol{x}_i^{\mathrm{T}} \boldsymbol{\beta})^2 + \lambda \sum_{j=1}^{p} P(\boldsymbol{\beta})$$

式（2.2）是式（2.3）的一个特例。不难发现，上述估计模型主要是基于传统稳健估计的正则化方法，其中主要用到的有 LAV 和 IRLS 两种估计。

近期，Abhijit 等提出基于 DPD（density power divergence）的稳健估计方法、Arun 等研究的自适应硬阈值（adaptive hard thresholding）稳健回归、Wang 提出的 Tuning-Free 稳健有效估计方法、Kush 讨论的 CRR（consistent robust regression）等为稳健估计方法的研究与分析注入了新的活力。此外，Guo 等将核回归模型和基于梯度的变量选择相结合，提出了一种新的无模型变量选择算法（model-free variable selection），通过用条件众数替代条件均值，保证了算法对复杂噪声的稳健性；Prasad 等提供了一种新的计算有效的风险最小化估计方法，并证明这些估计量对于一般统计模型是稳健的；Kush 等则从贝叶斯角度出发，提出了关于稳健估计的非渐近观点。这些方法的出现均为我们对稳健估计的研究提供了新的思路。

本节介绍三种常见的稳健正则化方法。

① L_1 罚分位数：

$$\hat{\boldsymbol{\beta}}=\arg\min_{\boldsymbol{\beta}}\frac{1}{n}\sum_{i=1}^{n}\rho_{\tau}(y_i-\boldsymbol{x}_i^{\mathrm{T}}\boldsymbol{\beta})+\lambda\sum_{j=1}^{p}|\beta_j| \tag{2.4}$$

② 加权 L_1 罚分位数：

$$\hat{\boldsymbol{\beta}}=\arg\min_{\boldsymbol{\beta}}\frac{1}{n}\sum_{i=1}^{n}\rho_{\tau}(y_i-\boldsymbol{x}_i^{\mathrm{T}}\boldsymbol{\beta})+\lambda\sum_{j=1}^{p}\omega_j|\beta_j| \tag{2.5}$$

③ LAD-Lasso：

$$\hat{\boldsymbol{\beta}}=\arg\min_{\boldsymbol{\beta}}\frac{1}{n}\sum_{i=1}^{n}|y_i-\boldsymbol{x}_i^{\mathrm{T}}\boldsymbol{\beta}|+\lambda\sum_{j=1}^{p}|\beta_j| \tag{2.6}$$

因具有稳健性，式（2.4）自提出后便受到了极大的关注。Wu 等研究了自适应罚和 SCAD 罚分位数回归，分别在独立同分布和非独立同分布两种回归误差情况下证明了这两个估计模型的 Oracle 性，并给出了线性规划求解算法。Fan 等研究了高维情况下的加权稳健 Lasso 和自适应稳健 Lasso，并分别给出了 Oracle 性的证明。理论分析和实验数据均表明式（2.5）具有良好的变量选择性及泛化性，尤其当模型误差服从重尾分布时，稳健自适应 Lasso 的表现远远优于 Lasso。式（2.6）是式（2.4）的一个特例，不考虑罚项，当回归模型误差服从 Laplace 分布时，LAD 估计等同于极大似然估计。王对 LAD-Lasso 估计的误差界展开了研究，其分析表明该方法达到了接近 Oracle 估计的性能，即在大概率情况下，估计误差的 L_2 范数与 $O(k\lg\frac{p}{n})$同阶。更为重要的是，这一结果适用于很大范围的噪声分布，甚至适用于柯西分布。王等研究了 LAD-Lasso 的 Oracle 性，证明当正则化参数 λ 满足一定条件时，该估计满足 Oracle 性。同样地，他们的研究表明 LAD-Lasso 可以抵抗输出变量中的重尾误差或异常值，即具有稳健性。

上述估计方法因其具有良好的稳健性，而被广泛应用于聚类分析、人脸识别等。另一方面，上述稳健估计模型也存在一些不足，尤其在计算方面。近年来，已有众多学者致力于此方面的研究，具体可阅读相关文献。

第3章

自加权鲁棒正则化方法

本章主要针对稳健正则化估计中的权值选取问题展开研究。首先介绍其研究背景和相关内容；其次对所提模型进行详细分析，从理论上证明所提模型的估计一致性，并给出相应的求解算法；最后通过大量实验来验证所提估计模型的有效性。

3.1 自加权鲁棒方法

随着信息技术的飞速发展，人类收集和存储数据的能力得到了极大的提高。如何从这大量数据中找出有用的信息，成为了近年来学术界以及工业界的关注热点。回归分析作为研究数据之间相关关系的一种数学工具，成为了机器学习和数据挖掘领域重要的基础性研究问题。如前文所言，回归分析的主要任务及目标是变量选择和回归参数估计。

一直以来，基于平方损失的正则化方法被广泛运用于回归参数的估计，如 Lasso 估计，$L_{1/2}$ 估计，L_q 估计等。一个好的惩罚项所得到的估计应该具有无偏性、稀疏性和连续性。然而，L_q（$0 < q \leqslant 1$）惩罚项并不能同时具备这三个特点。为了克服 L_q 的这些不足，Fan 提出了 SCAD 估计，并证明该估计具有变量选择一致性和渐近无偏性，即所谓的 Oracle 性。Liu 提出了 seamless-L_0 惩罚项，从理论上证明了该估计具有 Oracle 性。并进一步给出了相应的优化算法。Zhang 研究了 MCP（minimax concave penalty）估计，并证明该估计具有 Oracle 性。

上述正则化方法均采用了平方损失函数。其优点是，因为平方函数具有连续、可导及强凸等性质，从而容易找到高效收敛的求解算法；其不足是，由于平方函数的敏感性，使得基于平方损失的正则化方法缺乏稳健性。所谓的稳健性可从两个方面来看，从模型误差层面来说，当误差服从正态分布时，基于平方损失的估计方法等同于极大似然估计，可取得最优解；当误差服从次高斯分布时，此类估计方法要取得好的结果，就需要更强的条件；当误差服从重尾分布时，该类方法的表现会明显降低。从数据角度来说，当数据中含有异常点时，基于平方损失的估计方法的泛化性会明显减弱。迭代再加权最小二乘法为改善这一不足提供了新的思路。基于此思想，众多加权最小二乘方法被广泛提出，如 Omara 研究了加权稳健 Lasso 和加权自适应 ElasticNet 估计，张将加权稀疏编码正则化方法用于稳健人脸识别，Lian 等将加权 Lasso 用于稀疏恢复。对于加权最小二乘方法，权重值的选取起到了至关重要的作用。传统方法中，权重的取值通常需要利用一些先验信息事先设定，或需要通过计算初始值来进一步确定。这样不仅大大增加了计算量，同时也会严重影响预测的精度。

本章提出了一种新的自加权稳健正则化方法。具体而言，选用加权平方函数和 seamless-L_0 惩罚项构成所需的参数估计模型。不同于传统的权重选取方法，在所提的正则化估计方法中，增加了一个自适应正则项，该正则项的加入可以使得估计方法在迭代的过程中根据每个样本损失函数的取值自主决定权重值的大小。

3.2　L_0 正则项

本章考虑 seamless-L_0 惩罚项，故先对此及相关内容做详细介绍。惩罚项的选取决定了正则化方法的变量选择能力，因此，是否具有变量选择的能力是选择惩罚项的主要参考标准之一。L_0 惩罚项为正则化方法的变量选择能力提供了一个基准。

L_0 惩罚项具有如下形式：

$$P(\boldsymbol{\beta}) = I\{\boldsymbol{\beta} \neq 0\} = \begin{cases} 1, & \boldsymbol{\beta} \neq 0 \\ 0, & \boldsymbol{\beta} = 0 \end{cases}$$

因此，基于平方损失的 L_0 罚正则化方法具有如下形式：

$$\min_{\beta} \frac{1}{2n}\sum_{i=1}^{n}(y_i - \boldsymbol{x}_i^{\mathrm{T}}\boldsymbol{\beta})^2 + \lambda\sum_{j=1}^{p} I(\beta_j \neq 0) \tag{3.1}$$

式（3.1）等价于

$$\min_{\beta} \frac{1}{2n}\sum_{i=1}^{n}(y_i - \boldsymbol{x}_i^{\mathrm{T}}\boldsymbol{\beta})^2$$

$$s.t. \quad \sum_{j=1}^{p} I(\beta_j \neq 0) \leqslant t$$

显然，L_0 惩罚项对非零参数起到了约束作用，直接决定了回归系数的非零个数。L_0 惩罚项具有很强的直观性和理论性，因此，如果一个罚函数与 L_0 惩罚项能够无限靠近，那就有理由相信它具有变量选择的能力。然而，由于 L_0 的不连续，导致相关变量的选择和估计方法往往是不稳定的，尤其是当数据只包含一个弱信号时。此外，因为在求解过程中需要组合搜索，因此即使是对于自变量维数不高的情况，其计算也是不可行的。为改进 L_0 罚函数存在的这些不足，Liu 等提出了如下 seamless-L_0(SELO)惩罚项：

$$p_{\text{SELO}}(\beta_j) = \frac{\lambda}{\lg 2} \lg\left(\frac{|\beta_j|}{|\beta_j|+\tau}+1\right)$$

其中，$\lambda > 0$ 为正则化参数，$\tau > 0$ 为调整参数，其主要作用是避免分母为 0。当 $\tau \to 0$ 时，$p_{\text{SELO}}(\beta_j) \approx \lambda I(\beta_j \neq 0)$。显然，SELO 惩罚项是 L_0 惩罚项的一个连续近似。图 3.1 给出了几种常见罚函数图。

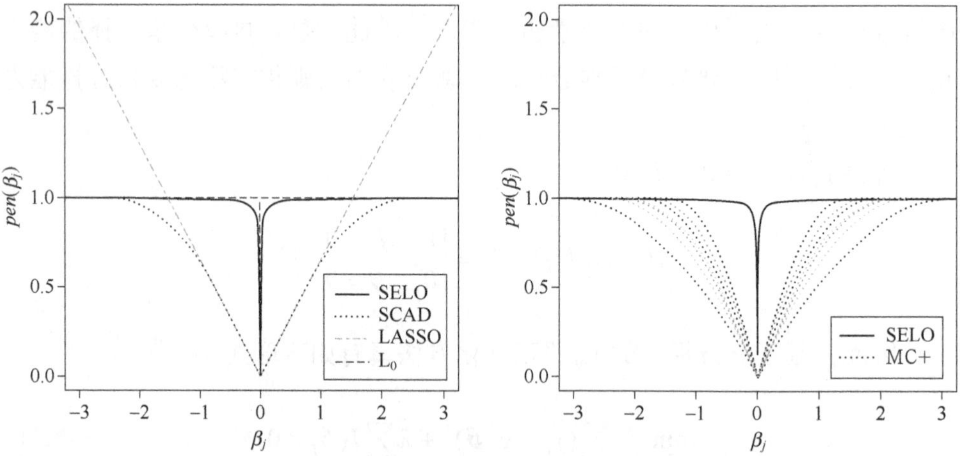

(a) SELO, λ=1, τ=0.01; SCAD, a=3.7, $\lambda=\sqrt{2/(a+1)}$; L_0, λ=1　(b) SELO, λ=1, τ=0.01; MCP, $\lambda=\sqrt{2/\gamma}$, $\gamma \in [1.01, 5]$

图 3.1　常见罚函数图

从图 3.1（a）中可发现，与 L_1 和 SCAD 惩罚项相比，SELO 更接近于 L_0。Liu 等证明了基于平方损失的 SELO 估计具有 Oracle 性。进一步，在各种实验研究中，SELO 方法比 SCAD 提供了实质性的性能提高。图 3.1（b）显示 $\gamma \in [1.01,5]$，MCP 惩罚项的函数图像，图中显示当 $\gamma = 1.01$，MCP 最接近于 SELO 时，SELO 与 L_0 的接近程度也远远高于 MCP。基于上述原因，本章选用 SELO 作为所研究的罚函数。

3.3　基于 SELO 惩罚项的自加权估计方法

本节首先介绍自适应正则项，其次建立基于 SELO 惩罚项的自加权稳健正则化估计，最后给出估计的一致性证明。

3.3.1　自适应正则项

基于课程学习和自步学习，本节研究如下自适应正则化模型：

$$\min_{v,\beta} \sum_{i=1}^{n} v_i l_i + \lambda \sum_{j=1}^{p} p(\beta_j) + \sum_{i=1}^{n} f(v_i, k)$$

其中，λ 是控制模型复杂度的正则化参数；v 是样本权值；l 为样本损失函数；$p(\boldsymbol{\beta})$为罚函数；$f(v,k)$为自适应正则项；k 为学习参数。通常自适应正则项 $f(v,k)$需满足如下性质：

① 它是关于权重变量 v 的凸函数；

② 确保权重变量的取值在 0 到 1 之间；

③ 保证变量 v 是关于损失 l 的单调递减函数。

性质①为正则化模型的优化提供了保证，确保正则化估计能够取得最优解；性质②是对权值的基本约束；性质③说明样本损失越大，相应的权值越小，从而减小该样本对估计的影响。类似于硬阈值（Hard-threshing）收缩，函数 $f(v,k) = -\dfrac{1}{k}v$ 满足如上性质，且容易验证权值取值为 0 或 1，即样本要么被选入，要么被剔除。此外，函数 $f(v,k) = \dfrac{\gamma^2}{v+\gamma k}(\gamma > 0)$同样满足上述性质，且权值可以取到区间[0,1]的任意值，能够更好地体现样本的重要性。因其良好的性质，该函数已被广泛应用于矩阵分解、多标签学习、部分标签学习、多目标学习、多任务学习、分类学习等。

3.3.2 RSWSELO 估计

考虑线性回归模型

$$\boldsymbol{y} = \boldsymbol{x}\boldsymbol{\beta}^* + \boldsymbol{\epsilon}$$

其中，$\boldsymbol{y} = (y_1,\cdots,y_n) \in \boldsymbol{R}^n$ 为 n 维输出向量，$\boldsymbol{x}$ 是 $n\times p$ 设计矩阵，$\boldsymbol{\beta}^* = (\beta_1^*,\cdots,\beta_p^*) \in \boldsymbol{R}^p$ 为 p 维未知待估回归参数，$\boldsymbol{\epsilon} = (\epsilon_1,\cdots,\epsilon_n) \in \boldsymbol{R}^n$ 是 n 维独立同分布误差向量。

下面构建参数 $\boldsymbol{\beta}$ 的估计方法。首先给出所需符号说明，记 $\boldsymbol{x}$ 的列向量为 $\boldsymbol{X}_1,\cdots,\boldsymbol{X}_p$，代表每个样本的第 $j(j = 1,2,\cdots,p)$的变量；行向量为 $\boldsymbol{x}_1,\cdots,\boldsymbol{x}_n$，其中 $\boldsymbol{x}_i = (x_{i1},\cdots,x_{ip})$ 表示第 i 个样本。记 $A = \{j:\beta_j^* \neq 0\}$ 表示真实回归系数的非零集合，非零个数记为 p_0，则 $p_0 = |A|$。

如下正则化方法被广泛用于估计回归系数 $\boldsymbol{\beta}$:

$$\frac{1}{2n}\sum_{i=1}^{n}(y_i - \boldsymbol{x}_i^{\mathrm{T}}\boldsymbol{\beta})^2 + \lambda\sum_{j=1}^{p}p(\beta_j)$$

然而，如引言中所说，由于平方函数的敏感性，使得该类方法缺乏稳健性。为改进这一不足，加权平方损失正则化方法被提出:

$$\frac{1}{2n}\sum_{i=1}^{n}v_i(y_i - \boldsymbol{x}_i^{\mathrm{T}}\boldsymbol{\beta})^2 + \lambda\sum_{j=1}^{p}p(\beta_j)$$

在上述方法中，权重的取值起到了至关重要的作用。在以往的研究中，权重的取值基本都是预先设定的，不仅增大了计算量，同时也会影响预测的精度。为解决这一问题，本节提出了如下正则化方法:

$$\min_{\beta,v}\frac{1}{2n}\sum_{i=1}^{n}v_i(y_i - \boldsymbol{x}_i^{\mathrm{T}}\boldsymbol{\beta})^2 + \frac{\lambda}{\lg 2}\sum_{j=1}^{p}\lg\left(\frac{|\beta_j|}{|\beta_j|+\tau}+1\right) + \frac{\eta^2}{n}\sum_{i=1}^{n}\frac{1}{v_i+\eta k} \tag{3.2}$$

本节将式(3.2)称为基于 SELO 惩罚项的稳健自加权模型，简称为 RSWSELO（Robust Self-Weighted SELO）估计。其中 v 表示权重，损失越大，

其值越小；反之，损失越小，其值越大。λ 为正则化参数，控制模型的复杂度；$\frac{\lambda}{\lg 2}\lg\left(\frac{|\beta_j|}{|\beta_j|+\tau}+1\right)$ 为惩罚项，具有变量选择的作用，$\tau>0$ 避免惩罚项分母为 0；$f(v_i,k)=\frac{\eta^2}{v_i+\eta k}$ 为自适应正则项，$k>0$ 为学习步长，$\eta>0$ 控制样本权重。

加权平方损失能够在一定程度上提高模型估计的稳健性；SELO 惩罚项能够保证正则化方法的变量选择能力，与 SCAD 和 MCP 等相比，该惩罚项不仅更靠近 L_0，而且参数的选取更为方便，计算更为简捷。自适应正则项的加入，使得所提估计方法在做变量选择和回归参数估计的同时，能够自动根据样本损失的大小确定相应权重的值。当数据中含有异常点时，其相应的损失函数值会明显偏高，自适应正则项则能够保证该样本对应的权重值偏小甚至为 0，从而减小异常值对估计的影响，由此更进一步提高了模型的泛化性及稳健性。

3.3.3　理论性质及证明

本节研究 RSWSELO 估计的估计一致性和变量选择一致。首先，给出如下假设条件:

（A）$E(\epsilon)=0$，$Var(\epsilon)=\sigma^2=o(n^{\alpha})$，其中 $\alpha<0$。

（B）$\rho=O(1)$，其中 $\rho=\min_{j\in A}|\beta_j^*|$。

（C）$s=\{i;\ v_i\neq 0\}$，$a=\min_{i\in s}v_i$。存在常数 r_0，R_0 使得 $r_0\leqslant\lambda_{\min}(n^{-1}\boldsymbol{x}_s^{\mathrm{T}}\boldsymbol{x}_s)<\lambda_{\max}(n^{-1}\boldsymbol{x}_s^{\mathrm{T}}\boldsymbol{x}_s)\leqslant R_0$，其中 $\lambda_{\min}(n^{-1}\boldsymbol{x}_s^{\mathrm{T}}\boldsymbol{x}_s)$ 和 $\lambda_{\max}(n^{-1}\boldsymbol{x}_s^{\mathrm{T}}\boldsymbol{x}_s)$ 分别为矩阵 $n^{-1}\boldsymbol{x}_s^{\mathrm{T}}\boldsymbol{x}_s$ 的最小和最大特征值。

（D）$\lambda=O(1)$，$\tau=O[p^{-1}(n^{-3/4})]$，$k/n=O(1)$。

（E）记 $N_n=\{\boldsymbol{\beta};\ 0<\boldsymbol{\beta}<n^{-1/2}\lg n\}$，有 $\liminf_{n\to\infty}\inf_{\boldsymbol{\beta}\in N_n}\frac{p'(\boldsymbol{\beta})}{\sqrt{n}}=\infty$。

定理 3.1　假设（A）~（E）成立，则 RSWSELO 估计存在局部最小值 $\hat{\boldsymbol{\beta}}$ 满足

$$\|\hat{\boldsymbol{\beta}}-\boldsymbol{\beta}^*\|=O_p(\sqrt{1/n}) \tag{3.3}$$

此外，定义 $\hat{\boldsymbol{\beta}}^{\mathrm{T}} = (\hat{\boldsymbol{\beta}}_A, \hat{\boldsymbol{\beta}}_{A^c})^{\mathrm{T}}$，其中 $(\hat{\boldsymbol{\beta}}_A, 0) = \operatorname{argmin} Q(\boldsymbol{\beta}_A, 0)$，则有

$$\lim_{n\to\infty} P\{\hat{\boldsymbol{\beta}}_{A^c} = 0\} = 1 \tag{3.4}$$

证明： 定义 $\alpha_n = n^{-1/2}$。首先，对定理 3.1 中的第一部分展开证明。要证明式（3.3）成立，只需证明对于任意给定的 $\varepsilon > 0$，存在常数 $C > 0$ 满足

$$P\{\inf_{\|\boldsymbol{u}\|=1} Q(\boldsymbol{\beta}^* + C\alpha_n \boldsymbol{u}) > Q(\boldsymbol{\beta}^*)\} \geqslant 1 - \varepsilon$$

其中 $Q(\boldsymbol{\beta}) = \frac{1}{2n}\sum_{i=1}^{n} v_i (y_i - \boldsymbol{x}_i^{\mathrm{T}}\boldsymbol{\beta})^2 + \frac{\lambda}{\lg 2}\sum_{j=1}^{p} \lg\left(\frac{|\beta_j|}{|\beta_j| + \tau} + 1\right) + \frac{\eta^2}{n}\sum_{i=1}^{n}\frac{1}{v_i + \eta k}$，$\boldsymbol{u} = (u_1, \cdots, u_p)^{\mathrm{T}}$ 表示任意 p 维向量。

定义 $D(\boldsymbol{u}) \equiv Q(\boldsymbol{\beta}^* + C\alpha_n \boldsymbol{u}) - Q(\boldsymbol{\beta}^*)$，则有

$$\begin{aligned}
D(\boldsymbol{u}) = &\frac{1}{2n}\sum_{i=1}^{n}[v_i(y_i - \boldsymbol{x}_i^{\mathrm{T}}\boldsymbol{\beta}^*)^2 - 2v_i(y_i - \boldsymbol{x}_i^{\mathrm{T}}\boldsymbol{\beta}^*)(C\alpha_n \boldsymbol{x}_i^{\mathrm{T}}\boldsymbol{u}) \\
&+ v_i(C\alpha_n \boldsymbol{x}_i^{\mathrm{T}}\boldsymbol{u})^2 - w_i(y_i - \boldsymbol{x}_i^{\mathrm{T}}\boldsymbol{\beta}^*)^2] \\
&+ \frac{\eta^2}{n}\sum_{i=1}^{n}\left(\frac{1}{v_i + \eta k} - \frac{1}{w_i + \eta k}\right) + \frac{\lambda}{\lg 2}\sum_{j=1}^{p}[p(\beta_j^* + C\alpha_n u_j) - p(\beta_j^*)] \\
= &\frac{C^2\alpha_n^2}{2n}\|\sqrt{v} \odot (\boldsymbol{x}\boldsymbol{u})\|_2^2 - \frac{C\alpha_n}{n}\sum_{i=1}^{n} v_i \epsilon_i \boldsymbol{x}_i^{\mathrm{T}}\boldsymbol{u} + \frac{1}{2n}\sum_{i=1}^{n}(v_i - w_i)(y_i - \boldsymbol{x}_i^{\mathrm{T}}\boldsymbol{\beta}^*)^2 \\
&+ \frac{\eta^2}{n}\sum_{i=1}^{n}\left(\frac{1}{v_i + \eta k} - \frac{1}{w_i + \eta k}\right) + \frac{\lambda}{\lg 2}\sum_{j=1}^{p}[p(\beta_j^* + C\alpha_n u_j) - p(\beta_j^*)] \\
\geqslant &\frac{C^2\alpha_n^2}{2n}\|\sqrt{v} \odot (\boldsymbol{x}\boldsymbol{u})\|_2^2 - \frac{C\alpha_n}{n}\epsilon^{\mathrm{T}}\boldsymbol{x}\boldsymbol{u} + \frac{1}{2n}\sum_{i=1}^{n}(v_i - w_i)(y_i - \boldsymbol{x}_i^{\mathrm{T}}\boldsymbol{\beta}^*)^2 \\
&+ \frac{\eta^2}{n}\sum_{i=1}^{n}\left(\frac{1}{v_i + \eta k} - \frac{1}{w_i + \eta k}\right) + \frac{\lambda}{\lg 2}\sum_{j=1}^{p}[p(\beta_j^* + C\alpha_n u_j) - p(\beta_j^*)] \\
\geqslant &\frac{C^2\alpha_n^2}{2n}\|\sqrt{\boldsymbol{v}_s \odot (\boldsymbol{x}_s \boldsymbol{u}_s)}\|_2^2 - \frac{C\alpha_n}{n}\epsilon^{\mathrm{T}}\boldsymbol{x}\boldsymbol{u} + \frac{1}{2n}\sum_{i=1}^{n}(v_i - w_i)(y_i - \boldsymbol{x}_i^{\mathrm{T}}\boldsymbol{\beta}^*)^2 \\
&+ \frac{\eta^2}{n}\sum_{i=1}^{n}\left(\frac{1}{v_i + \eta k} - \frac{1}{w_i + \eta k}\right) + \frac{\lambda}{\lg 2}\sum_{j=1}^{p}[p(\beta_j^* + C\alpha_n u_j) - p(\beta_j^*)]
\end{aligned}$$

$$\geqslant \frac{C^2\alpha_n^2 a}{2n}\|(\boldsymbol{x}_s\boldsymbol{u}_s)\|_2^2-\frac{C\alpha_n}{n}\boldsymbol{\epsilon}^{\mathrm{T}}\boldsymbol{x}\boldsymbol{u}+\frac{1}{2n}\sum_{i=1}^{n}(v_i-w_i)(y_i-\boldsymbol{x}_i^{\mathrm{T}}\boldsymbol{\beta}^*)^2$$

$$+\frac{\eta^2}{n}\sum_{i=1}^{n}\left(\frac{1}{v_i+\eta k}-\frac{1}{w_i+\eta k}\right)+\frac{\lambda}{\lg 2}\sum_{j=1}^{p}[p(\beta_j^*+C\alpha_n u_j)-p(\beta_j^*)]$$

其中，⊙表示向量对应元素两两相乘。

由条件（C）和（D），可得

$$\frac{C^2\alpha_n^2 a}{2n}\geqslant\frac{1}{2}\lambda_{\min}(n^{-1}\boldsymbol{x}_s^{\mathrm{T}}\boldsymbol{x}_s)C^2\alpha^2 a$$

$$\frac{C\alpha_n}{n}|\boldsymbol{\epsilon}^{\mathrm{T}}\boldsymbol{x}\boldsymbol{u}|\leqslant O_p(C\alpha_n)$$

$$\frac{\lambda}{\lg 2}\sum_{j=1}^{p}[p(\beta_j^*+C\alpha_n u_j)-p(\beta_j^*)]=o(C\alpha_n^2)$$

进一步，通过条件（A）和（D），有

$$\left|\frac{1}{2n}\sum_{i=1}^{n}(v_i-w_i)(y_i-\boldsymbol{x}_i^{\mathrm{T}}\boldsymbol{\beta}^*)^2\right|=O_p(1)$$

$$\left|\frac{\eta^2}{n}\sum_{i=1}^{n}\left(\frac{1}{v_i+\eta k}-\frac{1}{w_i+\eta k}\right)\right|=O(1)$$

因此当常数 C 足够大时，可推得 $\inf_{\|\boldsymbol{u}\|=1}D(\boldsymbol{u})>0$ 以概率 $1-\varepsilon$ 成立。

至此，完成了定理 3.1 中式（3.3）的证明。

其次，对于定理 3.1 中式(3.4)，只需证明对于满足条件 $\|\hat{\boldsymbol{\beta}}-\boldsymbol{\beta}^*\|=O(n^{-1/2})$ 的 $\hat{\boldsymbol{\beta}}$，当 $n\to\infty$时，如下不等式

$$Q(\boldsymbol{\beta}_A,\boldsymbol{\beta}_{A^c})-Q(\hat{\boldsymbol{\beta}}_A,0)>0$$

以趋于 1 的概率成立。

根据函数 Q 的定义，有

$$Q(\boldsymbol{\beta}_A,\boldsymbol{\beta}_{A^c})-Q(\boldsymbol{\beta}_A,0)=[Q(\boldsymbol{\beta}_A,\boldsymbol{\beta}_{A^c})-Q(\boldsymbol{\beta}_A,0)]+[Q(\boldsymbol{\beta}_A,0)-Q(\hat{\boldsymbol{\beta}}_A,0)]$$

$$\geqslant Q(\boldsymbol{\beta}_A,\boldsymbol{\beta}_{A^c})-Q(\boldsymbol{\beta}_A,0)$$

因此，只需证 $Q(\boldsymbol{\beta}_A,\boldsymbol{\beta}_{A^c})-Q(\boldsymbol{\beta}_A,0)>0$ 即可。

定义$L(\beta)=\frac{1}{2n}\sum_{i=1}^{n}v_i l_i$，根据中值定理有

$$L(\boldsymbol{\beta}_A,\boldsymbol{\beta}_{A^c})-L(\boldsymbol{\beta}_A,0)=\left[\frac{\partial L(\boldsymbol{\beta}_A,\boldsymbol{\xi})}{\partial \boldsymbol{\beta} A^c}\right]^{\mathrm{T}}\boldsymbol{\beta}_{A^c}=-O_p(\sqrt{n})\sum_{j=d+1}^{p}|\beta_j|$$

其中，$\|\boldsymbol{\xi}\|\leqslant\|\boldsymbol{\beta}_{A^c}\|=O_p(n^{-1/2})$，由此得

$$\begin{aligned}Q(\boldsymbol{\beta}_A,\boldsymbol{\beta}_{A^c})-Q(\boldsymbol{\beta}_A,0)&=L(\boldsymbol{\beta}_A,\boldsymbol{\beta}_{A^c})-L(\boldsymbol{\beta}_A,0)+p(\boldsymbol{\beta}_A,\boldsymbol{\beta}_{A^c})-p(\boldsymbol{\beta}_A,0)\\&\quad+\frac{\eta^2}{n}\sum_{i=1}^{n}\left(\frac{1}{v_i+\eta k}-\frac{1}{w_i+\eta k}\right)\\&=-O_p(\sqrt{n})\sum_{j=d+1}^{p}|\beta_j|+\frac{\lambda}{\lg 2}\sum_{j=d+1}^{p}\lg\left(\frac{|\beta_j|}{|\beta_j|+\tau}+1\right)\\&\quad+\frac{\eta^2}{n}\sum_{i=1}^{n}\left(\frac{1}{v_i+\eta k}-\frac{1}{w_i+\eta k}\right)\\&=\sum_{j=d+1}^{p}\left[\frac{\lambda}{\lg 2}\lg\left(\frac{|\beta_j|}{|\beta_j|+1}+1\right)-O_p(\sqrt{n})|\beta_j|\right]\\&\quad+\frac{\eta^2}{n}\sum_{i=1}^{n}\left(\frac{1}{v_i+\eta k}-\frac{1}{w_i+\eta k}\right)\end{aligned}$$

根据条件（E），$\lg\left(\frac{|\beta_j|}{|\beta_j|+1}+1\right)-O_p(\sqrt{n})|\beta_j|>0$以趋于1的概率成立。

综上，完成了定理3.1的证明。

注释3.1 由定理3.1中的式（3.3）可知，本章所提RWSELO估计的估计值$\hat{\boldsymbol{\beta}}$能够以趋于1的概率收敛于真实参数$\boldsymbol{\beta}_0$，由此表明RWSELO估计具有估计一致性。

注释3.2 定理3.1中的式（3.4）说明所提稳健正则化估计方法具有变量选择的能力，且满足变量选择一致性，即能够选出与真实参数具有相同个数的变量。

定理3.1从理论方面表明，本章所提估计方法能够同时进行变量选择和参数估计，而且所得估计能够以一定的速率收敛于真实估计。进一步，在合适的正则化参数下，该估计具有变量选择一致性。换句话说，该估计具有与

Oracle 估计同样的表现能力。

本节给出所提估计模型的求解算法。为此，首先介绍其基本思想，然后给出在本章模型设定下的具体算法。

对于模型中含有两个待估参数的问题，采用搜索策略（alternative search strategy，ASS）来求解。ASS 是一种交替迭代求解算法，其基本思想是通过将变量分成互不相连的几个部分，交替对每个部分分别求解以达到最终求解的目的。基于此，给出如下求解算法。

首先，固定权重参数 v，估计回归参数 $\boldsymbol{\beta}$ 如下：

$$\min_{\beta}\frac{1}{2n}\sum_{i=1}^{n}v_i(y_i-\boldsymbol{x}_i^{\mathrm{T}}\boldsymbol{\beta})^2+\frac{\lambda}{\lg 2}\sum_{j=1}^{p}\lg\left(\frac{|\beta_j|}{|\beta_j|+\tau}+1\right)$$

根据 CCCP 算法，给定当前解 $\boldsymbol{\beta}^{(t)}$，上述求解问题可转化为如下凸优化问题：

$$\min_{\beta}\frac{1}{2n}\sum_{i=1}^{n}v_i(y_i-\boldsymbol{x}_i^{\mathrm{T}}\boldsymbol{\beta})^2+\frac{\lambda}{\lg 2}\sum_{j=1}^{p}\nabla J(\|\beta_j^{(t)}\|)\beta_j+\frac{\lambda}{\lg 2}\sum_{j=1}^{p}|\beta_j| \tag{3.5}$$

其中 $J(|\boldsymbol{\beta}|)=\lg\left(\frac{|\beta_j|}{|\beta_j|+\tau}+1\right)-|\beta|$。式（3.5）为经典的加权 Lasso 估计求解问题，可通过坐标下降法求解。

其次，当 $\boldsymbol{\beta}$ 固定时，求解权重参数 v 如下：

$$\min_{v}\frac{1}{2n}\sum_{i=1}^{n}v_i(y_i-\boldsymbol{x}_i^{\mathrm{T}}\boldsymbol{\beta})^2+\frac{\eta^2}{n}\sum_{i=1}^{n}\frac{1}{v_i+\eta k} \tag{3.6}$$

记 $l=(y-\boldsymbol{x}^{\mathrm{T}}\boldsymbol{\beta})^2$，根据式（3.6）可得

$$v=\begin{cases}1, & \sqrt{\dfrac{l}{2}}\leqslant\dfrac{1}{k+1/\eta}\\ 0, & \sqrt{\dfrac{l}{2}}\geqslant\dfrac{1}{k}\\ \eta\left(\sqrt{\dfrac{2}{l}}-k\right), & \dfrac{1}{k+1/\eta}\leqslant\sqrt{\dfrac{l}{2}}\leqslant\dfrac{1}{k}\end{cases} \tag{3.7}$$

式（3.5）和式（3.7）交替更新，直到满足给定的收敛条件。将上述步骤归纳为算法 3.1：

算法 3.1 RSWSELO 求解算法

输入:

数据 $\{(\boldsymbol{x}_i, y_i)\}_{i=1}^n$;

正则化参数 λ; 罚函数调控参数 τ;

自适应正则项调控参数 η; 最大值 k_0, 最小值 k_{end}, 参数$\mu > 1$。

输出:

回归系数 $\hat{\boldsymbol{\beta}}$ 。

方法:

初始化: 取相同权重值 v, 根据式 (3.5) 求得 $\hat{\boldsymbol{\beta}}$;

进一步计算各个样本的损失 $\{l_i\}_{i=1}^n$ 。

令 $t \leftarrow 0$, $k \leftarrow k_0$。

repeat

根据式 (3.7) 更新权重值 v;

根据式 (3.5) 更新回归系数值 $\boldsymbol{\beta}$;

令 $t \leftarrow t+1$, $k \leftarrow k/\mu$。

until $k = k_{end}$。

上述算法复杂度分析如下。给定 n 个样本, 每次迭代需要更新 n 个权重值。同时采用坐标下降法更新回归系数的第 j 个分量时进行 $O(n)$次计算, 而回归系数为 p 维向量, 因此计算一次 $(\beta_j)_{j=1}^p$ 的时间复杂度为 $O(np)$。所以 RSWSELO 求解算法的时间复杂度为 $O(np)$。

3.4 实验验证与分析

3.4.1 模拟实验结果与分析

本节通过人工数据集和标准数据集来验证引入自适应正则项的有效性, 并将所提模型与 Lasso、LAD-Lasso 及 SELO 估计进行比较。

首先, 构造如下两组数据集。设定样本数 $n = 50$, 自变量维数 $p = 8$, 回

归参数 $\boldsymbol{\beta}=(3.0,1.5,0,0,2.0,0,0,0)$。自变量 $\boldsymbol{x}_i(i=1,2,\cdots,50)$来自正态分布，即 $\boldsymbol{x}_i \sim N(0,\Sigma)$，其中 $\Sigma=(\sigma)_{ij}$，$\sigma_{ij}=0.5^{|i-j|}$。因变量 $y_i=\boldsymbol{x}_i^{\mathrm{T}}\boldsymbol{\beta}+\epsilon_i$，其中模型误差$\epsilon_i$分别来自标准正态分布 N(0,1)和自由度为 5 的 T 分布 T(5)。

为了对实验结果的有效性进行评价，本实验采用如下三个指标：

- 模型平均大小（the average model size，AMS），即$|\hat{A}|$，其中 $\hat{A}=\{j;\hat{\beta}_j\neq 0\}$；
- 真实模型个数（the number of true model size，NTS），即$|\hat{A}|=3$的模型个数；
- L_2值，即$\|\boldsymbol{\beta}-\hat{\boldsymbol{\beta}}\|_2^2$。

前两个指标衡量估计方法的变量选择能力，实验中，设定真实模型的非零系数个数为 3，因此估计方法中所得的模型大小越接近 3 越好；此外，非零系数为 3 的模型个数显然越多越好。最后一个指标 L_2 值衡量估计模型的预测能力，显然其值越小，说明预测越准确。

在实验过程中，首先研究参数 τ 和 λ 对实验结果的影响，并进一步给出各类估计方法所能取得的最优实验结果。下面分别给出如上两个内容的研究结果和相应的分析。

（1）不同参数 τ 和 λ 下的实验结果

首先，研究 τ 对实验结果的影响。因为 τ 的取值较小，如前文所说，其主要作用是避免 SELO 罚中的分母为 0，因此可取 $\tau=0.001$、0.01、0.05、0.1、0.5 等不同的值。为了使实验结果更加全面和合理，对于每个 τ 值，给出多个不同的 λ 值。图 3.2 给出了 N(0,1)和 T(5)两种分布下，四种参数估计方法在每个 τ 值下的最小 L_2 损失。

图 3.2 表明，在两种分布下，无论 τ 取值如何，RSWSELO 估计在所给估计方法中均取得了最小的 L_2 损失。具体来说，对于正态分布 N(0，1)，随着 τ 值的增大，RSWSELO 估计的 L_2 损失逐渐减小稳定于 $\tau=0.05$；Lasso 和 LAD-Lasso 两种估计的 L_2 损失先减小后增大，均在 τ = 0.1 处取得最小值；SELO 估计的 L_2 损失逐渐减小。对于 T(5)分布，当 $\tau=0.001$ 时，RSWSELO 估计有最大 L_2 损失，随后基本保持不变；Lasso 估计的 L_2 损失逐渐减小，当 $\tau=0.1$ 和 $\tau=0.5$ 时，其值基本相同；LAD-Lasso 估计的 L_2 损失随着 τ 值的增

大先减小后增大，在 $\tau = 0.1$ 处取得最小值；SELO 估计在 $\tau = 0.05$ 处取得最小值，当 $\tau = 0.001$ 和 $\tau = 0.1$ 及 $\tau = 0.01$ 和 $\tau = 0.5$ 时，其值基本相同。综上可得，RSWSELO 估计的 L_2 损失受 τ 值影响变化不大，且取得的 L_2 损失要远远小于其他三种估计方法。

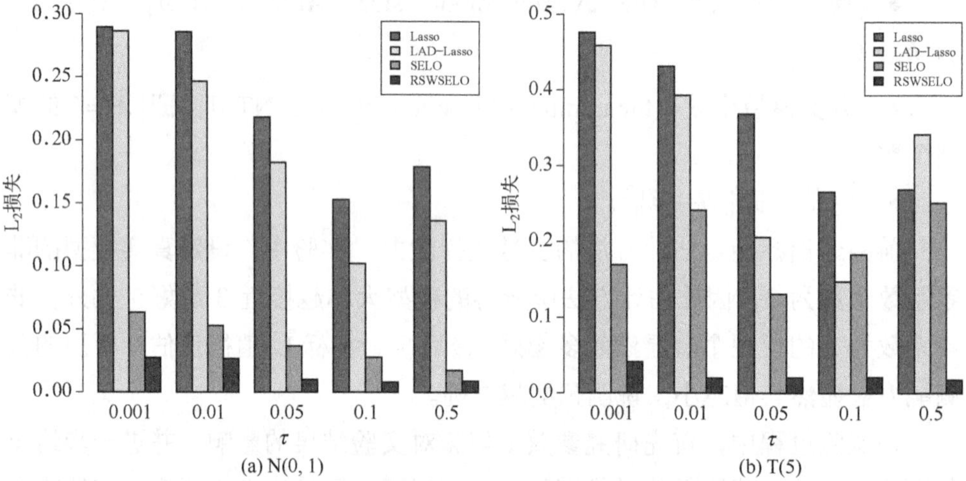

图 3.2　不同 τ 值下四种估计方法的 L_2 损失比较

其次，固定 τ 值，讨论了 Lasso、LAD-Lasso、SELO 和 RSWSELO 四种估计方法在不同 λ 值下表现结果。对于正态分布 N(0,1)，选取 $\tau = 0.1$ 和 $\lambda = 1.5$、3.0、4.0，所得结果如表 3.1 所示。对于 T 分布，取 $\tau = 0.05$，$\lambda = 1.0$、1.5、2.0，所得结果如表 3.2 所示。

表 3.1　N(0,1)分布在 $\tau = 0.1$ 时不同 λ 值的实验结果

λ	估计方法	L_2 损失	*AMS*	*NTS*
1.5	Lasso	0.2258 ± 0.1501	6.92	0
	LAD-Lasso	0.1691 ± 0.2488	2.80	44
	SELO	0.0273 ± 0.0575	3.29	76
	RSWSELO	**0.0079** ± 0.0157	**3.03**	**97**
3.0	Lasso	0.1524 ± 0.1037	5.96	0
	LAD-Lasso	0.1223 ± 0.1526	3.10	31
	SELO	0.2865 ± 1.5667	3.12	88
	RSWSELO	**0.0135** ± 0.0423	**3.02**	**98**

续表

λ	估计方法	L_2 损失	*AMS*	*NTS*
4.0	Lasso	0.1663 ± 0.1156	5.32	4
	LAD-Lasso	**0.1019** ± 0.1834	3.47	36
	SELO	0.7053 ± 4.5968	**3.03**	**95**
	RSWSELO	0.1072 ± 0.8737	3.04	94

表 3.1 显示，当 $\lambda = 1.5$、3.0 时，RSWSELO 估计结果明显优于 Lasso、LAD-Lasso 和 SELO 三种估计，不仅有最小的 L_2 损失，而且其标准差远小于其他方法。此外，RSWSELO 估计选出的模型大小（即非零系数个数）最接近于真实模型大小 3，而且正确个数最多。当 $\lambda = 4.0$ 时，LAD-Lasso 取得了最小的 L_2 损失；SELO 所选的模型大小最接近于 3，且正确模型个数最多，然而其 L_2 损失与 LAD-Lasso 相比增加了百分之六十左右；RSWSELO 估计的 L_2 损失接近于 LAD-Lasso，而其所选出的模型大小及正确个数与 SELO 估计相差无几。因此，整体而言，RSWSELO 估计优于其他三种估计模型。另一方面，随着 λ 的增大，RSWSELO 估计的 L_2 损失逐渐增大，模型大小及正确模型个数均接近于最优。Lasso 估计的模型较大，正确模型个数远小于其他估计。而 LAD-Lasso 估计的 L_2 损失逐渐减小到最小值，模型大小在 $\lambda = 3.0$ 处取得最优。SELO 估计的模型大小和正确个数逐渐取得最优，但 L_2 损失逐渐增大。对于 T(5)分布，从表 3.2 中有类似的发现，因此不做赘述。

表 3.2　T(5)分布在 $\tau = 0.05$ 时不同 λ 值的实验结果

λ	估计方法	L_2 损失	*AMS*	*NTS*
1.0	Lasso	0.4014 ± 0.2617	7.33	0
	LAD-Lasso	0.2760 ± 0.4210	2.72	36
	SELO	0.1307 ± 0.4619	3.65	51
	RSWSELO	**0.0202** ± 0.0498	**3.14**	**86**
1.5	Lasso	0.3732 ± 0.2331	7.07	0
	LAD-Lasso	0.3006 ± 0.4423	2.96	39
	SELO	0.2481 ± 1.0937	3.40	64
	RSWSELO	**0.1266** ± 0.8539	**3.13**	**86**

续表

λ	估计方法	L_2 损失	*AMS*	*NTS*
2.0	Lasso	0.3688 ± 0.2898	6.87	1
	LAD-Lasso	**0.2059** ± 0.2539	2.65	36
	SELO	0.6195 ± 2.671	3.18	80
	RSWSELO	0.3224 ± 1.8684	**3.08**	**88**

（2）各种估计方法的最优实验结果

为进一步比较四种估计方法的性能，表 3.3 分别给出了两种分布在不同参数 τ 和 λ 下，四种估计方法能够取得的最小 L_2 损失及相应的 *AMS* 和 *NTS* 值。

表 3.3　不同参数下四种估计方法的最小 L_2 损失比较

分布	估计方法	τ	λ	*MSE*	*AMS*	*NTS*
N(0,1)	Lasso	0.1	3.0	0.1524 ± 0.1037	5.96	0
	LAD-Lasso	0.1	4.0	0.1019 ± 0.1834	3.47	36
	SELO	0.5	9.0	0.0173 ± 0.0413	3.03	97
	RSWSELO	0.1	1.5	**0.0079** ± 0.0157	3.03	97
T(5)	Lasso	0.1	4.0	0.2653 ± 0.2251	5.81	0
	LAD-Lasso	0.1	4.0	0.1474 ± 0.2813	3.24	36
	SELO	0.05	1.0	0.1307 ± 0.4619	3.65	51
	RSWSELO	0.5	10	**0.0171** ± 0.0492	3.00	100

对于正态分布来说，除 SELO 估计的最小 L_2 损失在 $\tau = 0.5$ 取得外，其余三种估计方法的最小 L_2 损失均在 $\tau = 0.1$ 处取得最小。显然，本章所研究的 RSWSELO 估计不仅有最小的 L_2 损失，而且标准差最小，由此可见该方法具有良好的预测能力。更进一步，从 *AMS* 及 *NTS* 不难发现，该方法在变量选择方面不劣于 SELO 估计，明显优于 Lasso 和 LAD-Lasso 两种估计。对于 T 分布，也有类似的发现，该估计方法所取得的最小 L_2 损失和标准差均远远小于其他估计方法，分别提高了 10%和 40%左右，而且模型大小及正确模型个数都远优于其他三种估计。显然，RSWSELO 估计在重尾分布数据方面具有极大的优势，非常适合用于处理此类型数据。

3.4.2 标准数据集上的实验

为进一步验证模型的有效性，从样本数量和变量维数两方面考虑，本章从 UCI 真实数据集中选取 4 个数据集进行验证，关于数据集的详细描述如表 3.4 所示。显然 gabor 数据集属于大样本小维数，而 pyrim 属于样本相对很少，维数很高的数据集。

表 3.4 数据集

数据集	变量个数	样本个数
boyfat	14	252
triazines	60	186
pyrim	27	74
gabor	3	1296

因为本章主要考虑所提模型的稳健性，即当误差服从重尾分布或数据中含有异常点时，估计模型的预测能力。因此本实验中，我们仅对自由度为 3 的重尾分布 T(3)展开讨论。具体地，记 ε 为数据污染率，取值分别为 0.0、0.1、0.2、0.3、0.4。对于任意一个给定的 ε，记 $m = [\varepsilon n]$为被污染的样本个数，n 为样本个数。将数据随机分成两部分，其中 70%的数据为训练集（$0.7n$），30%为测试集（$0.3n$）。进一步，固定 $\tau = 0.001$、0.05、0.5 三个值，记录 *MSE* 作为评价指标，其定义如下

- 平均均方误差（mean squares errors）：$MSE = \dfrac{1}{n_{\text{test}}} \| y - \hat{y} \|_2^2$。

详细分析如下：

（1）参数 τ 和 λ 的影响

首先，固定污染率 $\varepsilon = 0.2$，对三个不同的 τ 值和相应的 λ 值展开了研究。同样，对于每个数据集，通过柱状图来表示四种估计在每个 τ 值的 *MSE*。

图 3.3 显示，在 boyfat 数据集上，对于不同的 τ 值，RSWSELO 均取得了最小的 *MSE*，且取值基本相同。具体而言，随着 τ 值的增大，LAD-Lasso 所取得的 *MSE* 逐渐减小，而其他三种估计方法的 *MSE* 具有细微的波动。当

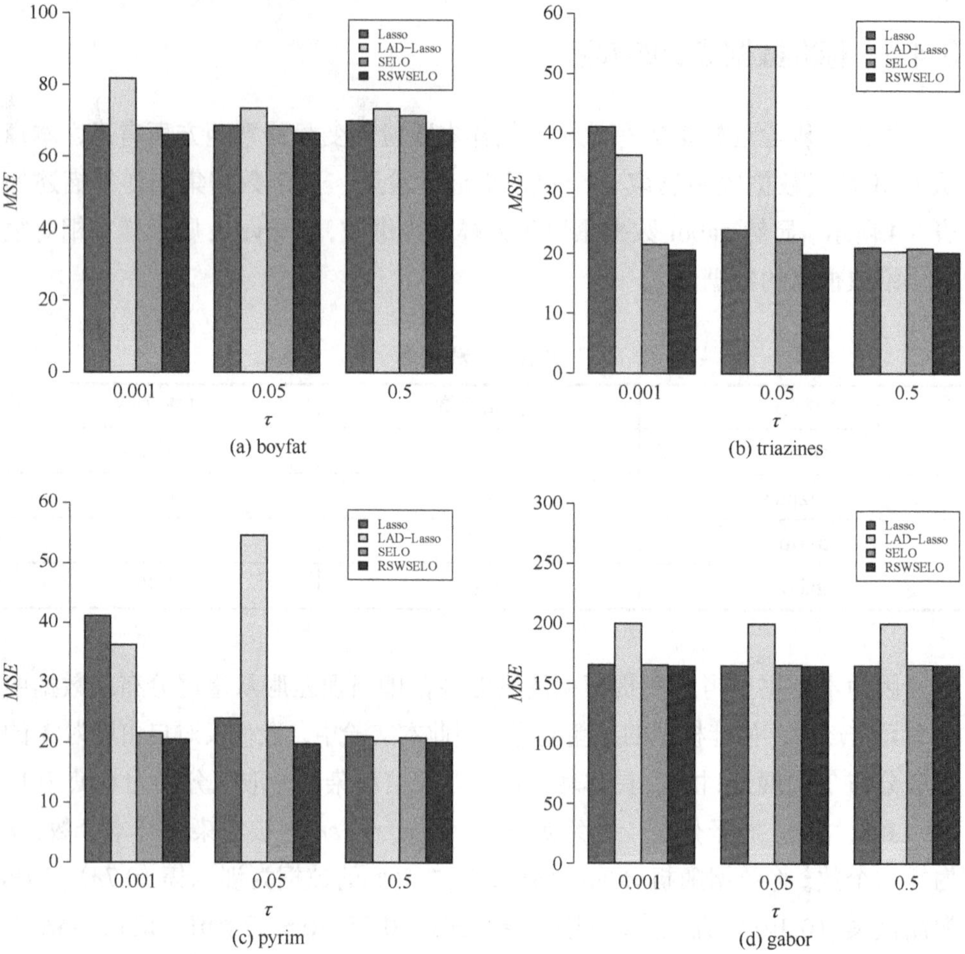

(a) boyfat (b) triazines (c) pyrim (d) gabor

图 3.3 不同 τ 值下四种估计方法在各个数据集上的 *MSE* 比较

$\tau = 0.001$ 和 $\tau = 0.05$ 时, LAD-Lasso 表现最差, Lasso 和 SELO 表现几乎相同,而 RSWSELO 估计稍优于 Lasso 和 SELO。当 $\tau = 0.5$ 时，RSWSELO 估计取得了明显小于其他三种估计的 *MSE*。在 triazines 数据集上，当 $\tau = 0.001$ 时，SELO 和 RSWSELO 估计的 *MSE* 远远小于 Lasso 和 LAD-Lasso 的值，而 RSWSELO 的表现明显优于 SELO 估计。当 $\tau = 0.05$ 时，LAD-Lasso 具有远大于其他三种估计的 MSE，而 Lasso、SELO 和 RSWSELO 三种估计的 MSE 值逐渐减小。当 $\tau = 0.5$ 时，四种估计具有几乎相同的 *MSE*，但不难发现 RSWSELO 的 *MSE* 要稍稍小于 Lasso、LAD-Lasso 和 SELO 估计。对于 pyrim

数据集，当 $\tau = 0.001$ 和 $\tau = 0.05$ 时，LAD-Lasso 表现最差，不同之处在于，当 $\tau = 0.001$ 时，RSWSELO 估计取得的 MSE 与 SELO 估计基本相同，远小于 Lasso；而当 $\tau = 0.05$ 时，RSWSELO 估计具有与 Lasso 相近的 MSE，同时远小于 SELO 估计。当 $\tau = 0.5$ 时，Lasso 取得最大的 MSE，LAD-Lasso 和 SELO 两种估计具有几乎相同的 MSE 值，而 RSWSELO 估计的 MSE 略小。在 gabor 数据集上，对于三个不同的 τ 值，Lasso、LAD-Lasso、SELO 和 RSWSELO 估计均有相似的 *MSE*，其中 LAD-Lasso 表现最差。整体而言，与其他三种模型相比，本章所研究的加权正则化估计模型均能够取得最小的均方误差，从而反映了该估计具有更加准确的预测能力，也进一步说明该模型具有一定的稳健性。

其次，固定 τ，考虑不同参数 λ 下四种方法的表现性。具体来说，固定参数 $\tau = 0.5$ 和污染率 $\varepsilon = 0.2$。对于不同的数据集，根据大量实验结果，考虑不同的正则化参数 λ 值。实验结果如表 3.5 所示，从中有以下发现：在 boyfat 和 gabor 数据集上，无论 λ 取值如何，RSWSELO 均有最小的 *MSE*，而 LAD-Lasso 表现最差。对于数据集 triazines 和 pyrim，RSWSELO 估计的值随着 λ 的变化而变化。在 triazines 数据集上，RSWSELO 取得最小值 20.0459，相比于其他三种估计中的最小值 20.2608，降低了约 20%。在 pyrim 数据集上，RSWSELO 和 LAD-Lasso 分别在 $\lambda = 0.5$ 和 $\lambda = 7.0$ 处取得最小的 *MSE* 值 1.9387 和 2.0399。整体而言，当数据集包含离群值时，与其他三种方法相比，RSWSELO 的 *MSE* 明显小于或不大于其他估计；同时，表 3.5 表明当参数 τ 固定时，λ 的取值对估计的好坏起到了至关重要的影响。选取适当的 λ 值，RSWSELO 将会取得明显小于其他估计的 *MSE* 值。

表 3.5　不同 λ 值下四种估计方法在各个数据集上的结果比较

数据集	λ	Lasso	LAD-Lasso	SELO	RSWSELO
boyfat	0.5	69.9088	73.4044	72.1085	**67.5568**
	1.0	70.7233	73.5390	72.0138	**69.0182**
	2.0	70.9942	73.4560	71.4315	**67.4041**
triazines	3.0	20.9934	31.3928	22.1833	**20.9028**
	6.0	21.7408	**20.2608**	21.8291	20.4677
	12.0	22.1057	20.2608	20.8259	**20.0459**

续表

数据集	λ	Lasso	LAD-Lasso	SELO	RSWSELO
pyrim	0.5	3.4783	21.3328	2.1112	**1.9387**
	4.0	2.8070	2.0399	2.1969	**2.0351**
	7.0	3.8434	**2.0399**	2.3537	2.3537
gabor	5.0	165.3156	475.9386	165.4628	**164.7509**
	15.0	165.1217	481.5207	165.3527	**164.7065**
	30.0	165.4375	487.0060	165.2162	**164.6761**

（2）污染率的影响

最后，考虑不同污染率下，四种估计方法的结果比较。固定参数 $\tau=0.05$，每种估计方法选用不同的参数 λ。图 3.4 给出了四个数据集能够取得的最小 *MSE*。首先需要注意的是，在数据集 gabor 上，由于 LAD-Lasso 的最小 *MSE* 远远大于其他三种估计，我们进行了中心化处理，因此，在图 3.4（d）中有如下两个不同于其他三个图的发现：只有 Lasso、LAD-Lasso 和 RSWSELO 三种估计方法的实验结果；各种估计方法的 *MSE* 并未随污染率 ε 的增大而增大。在其他三个数据集上，显然随着污染率 ε 的增大，各种估计方法的 *MSE* 也增大，且污染率越大，RSWSELO 估计和其他估计所取得的 *MSE* 之间的差异越大，这与预料中结果是一致的。整体而言，在四个数据集上，无论污染率取值如何，RSWSELO 估计均取得了小于或不大于其他三种估计的 *MSE* 值。

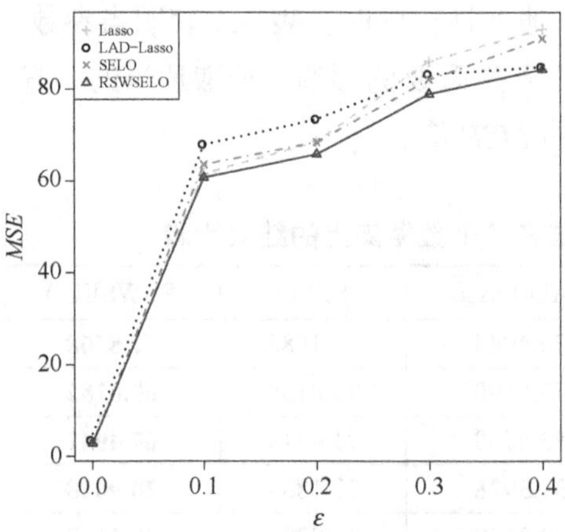

(a) boyfat

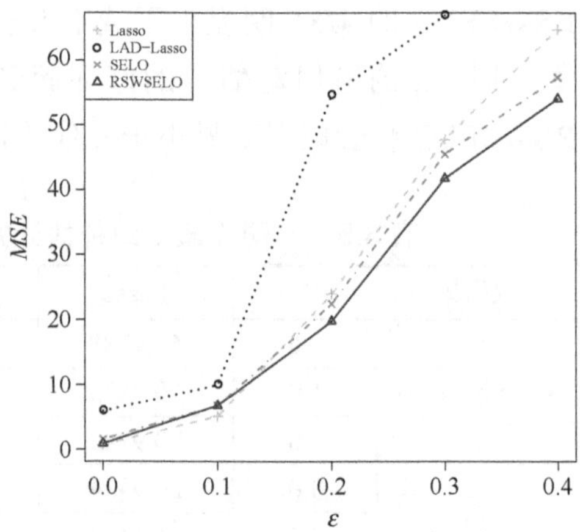

(b) triazines

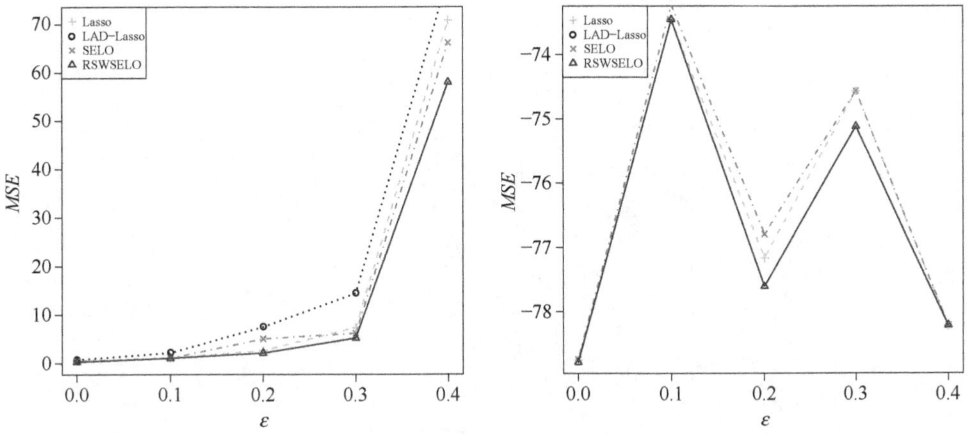

(c) pyrim　　(d) gabor

图 3.4　不同污染率下四种估计方法在各个数据集上的 *MSE* 比较

该实验说明当数据中含有异常点时，本章所研究的估计方法要明显优于 Lasso、LAD-Lasso 和 SELO 三种估计方法。由此进一步说明本章所研究的 RSWSELO 估计具有一定的稳健性。

第4章

基于自变量相关的鲁棒回归模型

本章聚焦于线性模型中自变量相关性问题的稳健性研究，通过对变量间存在的相关性问题的解决，以提高回归参数估计的准确性。首先详细介绍研究背景，说明本章工作的必要性；其次给出所提估计模型，并从理论和算法两方面进行具体阐述；最后通过人工数据集和真实数据集上的实验来进一步说明本章所提估计的优越性。

4.1 自变量相关性问题

科学技术的蓬勃发展使得在各个领域内收集到的数据往往具有高维的特点，如基因组学、功能性磁共振成像、断层摄影、经济学和金融学等。高维数据面临的一个巨大挑战是冗余较多。正则化估计方法因其具有稀疏性而在高维数据分析中得到了广泛应用，其中最受关注的是基于平方损失的正则化方法。然而，如前文所述，由于使用了平方损失，这些方法并不能有效地处理含有异常值或误差为重尾分布的数据，即该类方法缺乏一定的稳健性。

稳健正则化模型的提出为线性回归中变量选择和参数估计提供了一种十分有前景的参数估计方法。如 Song 等研究了面向高维单指标系数模型的指数平方损失稳健正则化方法，Smalller 等考虑了线性回归模型的稳健稀疏估计问题，Kurnaz 等提出了高维线性 Logistic 回归的稳健稀疏估计方法。此外，由 Koenker 和 Bassett 提出的分位数回归，因其具有稳健性或抗干扰性这一重要特性而引起了大量学者的极大兴趣。例如 Belloni 和 Chernozhukov 研究了高维稀疏模型中的 L_1 罚分位数回归，从理论上给出了所提方法的估计一致性证明，并在一定条件下进一步证明了所提估计的 Oracle 性。Wang 等研究了超高维情况下的非凸罚分位数回归，并证明当模型误差满足一定条件时，该估计方法存在局部最优解，即所提非凸罚分位数正则化估计存在局部最小值满足 Oracle 性。Fan 等研究了加权 L_1 罚分位数回归，证明了其估计具有变量选择一致性和渐近正态性。Yan 和 Song 研究了自适应 Elastic Net 罚分位数回归的弱 Oracle 性。

另一方面，基于分位数回归估计的求解算法也成为了众多科学领域的研究热点。Li 和 Zhu 在 LARS 算法的基础上提出了一种计算 L_1 罚分位数回归解路径的新算法。Peng 和 Wang 研究了高维非凸罚分位数回归的迭代坐标下降算法。Gu 和 Zou 等引入了计算 L_1 罚分位数回归的 ADMM 算法，并给出了该算法的收敛性证明。近年来，分位数回归中变量选择的贝叶斯方法也成为研究热点。如 Alhamzawi 对惩罚参数采用逆伽玛先验分布，将逆伽玛先验的超参数视为未知，并与其他参数同时估计。这样，不同的回归系数可以对应于不同的惩罚参数，从而进一步提高了模型的预测性能。Alhamzawi 进一步考虑了分位数回归模型中贝叶斯变量选择存在的计算困难和共轭先验分布的不适用性问题，并通过引入 Zellners 先验和信息先验分别将历史数据合并到当前数据来解决这些问题。此外，Alhamzawi 将贝叶斯 Lasso 分位数回归应用于二分类问题，克服了现有分类方法存在的异质性或其他反常问题。对于上述所提贝叶斯方法的求解问题，学者们采用一种高效的 Gibbs 采样来对模型参数进行相应的估计。在应用方法上，Cahyani 等将 Elastic Net 罚分位数回归用于极端降雨量的预测，给相关领域的研究带来了极大的帮助。

尽管由于稳健性和稀疏性，罚分位数回归已经被广泛应用于多个研究领域，并取得了很多优秀的成果，但它缺乏揭示组信息的能力。具体来说，如果线性回归中，有两个输入变量之间的相关性非常高，合理的估计方法应该是同时选出或同时去掉这两个变量。但目前存在的大多数分位数正则化方法并不具备这样的选择能力。处理变量相关性问题的经典方法是组分位数回归，如 Ciuperca 研究了不同罚函数的组分位数回归问题。然而，这些方法的适用性是有限的，它们主要解决每个输出变量可以用一组输入变量来表示的回归模型参数估计问题，一个典型的例子如多因素方差分析（ANOVA）。而在很多高维回归问题中，虽然存在相关性很高的输入变量，但很难直接找到这样的组变量去构建相应的回归模型。因此，面向基础的线性回归模型，如何在保证其稳健性的基础上同时选出相关性较强的变量是非常值得研究的。近期一个与本章工作十分相关的研究是 Yan 和 Song 的研究，但研究方法和目标有很大不同，他们主要集中于理论性质方面的研究，而本章在提出基于 Elastic Net 惩罚项的稳健正则化方法后，不仅从理论上证明了其估计的一致性，且进一步给出了相应的 ADMM 求解算法。大量实验研究表明所提估计方法不仅可以进行变量选择和估计回归系数，而且还可以同时选出相关性很高的输入变量。

4.2 基于 Elastic Net 罚的鲁棒估计方法

本节首先详细介绍 Elastic Net 罚分位数回归模型（elastic net penalized quantile regression model，Q-EN）；其次，对其理论性质展开具体讨论，建立了 Q-EN 模型的 Oracle 性；最后，基于 ADMM 提出有效的求解算法。

4.2.1 模型构建

仍考虑线性模型

$$\boldsymbol{y}=\boldsymbol{X\beta}+\boldsymbol{\epsilon}$$

其中，$\boldsymbol{y}=(y_1,\cdots,y_n)^{\mathrm{T}}$ 为 n 维输出向量；$\boldsymbol{X}=(\boldsymbol{x}_1,\cdots,\boldsymbol{x}_p)^{\mathrm{T}}=(\tilde{\boldsymbol{x}}_1,\cdots,\tilde{\boldsymbol{x}}_p)$ 是 $n\times p$ 设计矩阵；$\boldsymbol{\beta}=(\beta_1,\cdots,\beta_p)^{\mathrm{T}}$ 是 p 维待估回归系数向量；$\boldsymbol{\epsilon}=(\epsilon_1,\cdots,\epsilon_n)^{\mathrm{T}}$ 是 n 维独立同分布误差向量，满足 $P(\epsilon_i\leqslant 0)=\tau(i=1,\cdots,n)$，其中分位数参数 $\tau\in(0,1)$。基于此，不难发现最小二乘估计获得的是条件平均值，而分位数估计中得到的则是估计的条件分位值。

在本节中，主要考虑变量维数 p 等同或是远大于样本个数 n 的情况。为了模型的可识别性，且进一步提高预测的准确性及更加可靠的解释性，假设真实的回归系数 $\boldsymbol{\beta}^*$ 是 $s(s\ll p)$稀疏的，即只有 s 个数是非零的，剩余的 $(p-s)$ 个数均为 0。不失一般性，记 $\boldsymbol{\beta}^*=(\boldsymbol{\beta}_1^{*\mathrm{T}},\boldsymbol{0}^{\mathrm{T}})^{\mathrm{T}}$，即将非零部分记为 $\boldsymbol{\beta}_1^{*\mathrm{T}}$，剩余部分用零向量 $\boldsymbol{0}^{\mathrm{T}}$ 来表示。定义真实模型如下：

$$\boldsymbol{M}=\mathrm{supp}(\boldsymbol{\beta}^*)=\{1,2,\cdots,s\}$$

其余集 $\boldsymbol{M}^c=\{s+1,\cdots,p\}$ 代表噪声变量。

记 $\boldsymbol{S}=(\boldsymbol{S}_1,\cdots,\boldsymbol{S}_n)^{\mathrm{T}}=(\tilde{\boldsymbol{x}}_1,\cdots,\tilde{\boldsymbol{x}}_s)$ 为 $\boldsymbol{X}$ 的子矩阵，对应于 $\boldsymbol{\beta}$ 的非零部分，称之为信号矩阵，剩余部分记为 $\boldsymbol{Q}=(\boldsymbol{Q}_1,\cdots,\boldsymbol{Q}_n)^{\mathrm{T}}=(\tilde{\boldsymbol{x}}_{s+1},\cdots,\tilde{\boldsymbol{x}}_p)$，称之为噪声矩阵。为估计系数 $\boldsymbol{\beta}$，且能更好地处理自变量之间相关性问题，提出如下估计方法：

$$\min_{\boldsymbol{\beta}\in\boldsymbol{R}^p}\left\{\sum_{i=1}^{n}\rho_\tau(y_i-\boldsymbol{x}_i^{\mathrm{T}}\boldsymbol{\beta})+n\lambda_1\|\boldsymbol{\beta}\|_1+\frac{n\lambda_2}{2}\|\boldsymbol{\beta}\|_2^2\right\} \tag{4.1}$$

其中 $\rho_\tau(u) = u(\tau - 1\{u \leqslant 0\})$是分位数损失函数，具有一定的稳健性。$\{\lambda_1 \|\boldsymbol{\beta}\|_1 + \lambda_2 \|\boldsymbol{\beta}\|_2^2\}$ 称为 Elastic Net 罚函数，是 L_1 和 L_2 罚函数的组合函数。本章将式（4.1）称为 Q-EN 估计。令 $\alpha = \lambda_2/(\lambda_1 + \lambda_2)$，则式（4.1）等价于如下优化问题

$$\min_{\beta \in \boldsymbol{R}^p} \sum_{i=1}^{n} \rho_\tau(y_i - \boldsymbol{x}_i^{\mathrm{T}} \boldsymbol{\beta})$$

$$s.t. \quad (1-\alpha)\|\beta\|_1 + \frac{\alpha}{2}\|\beta\|_2^2 \leqslant t$$

对于一定的 t 成立。当 $\alpha = 1$ 时，Q-EN 估计等价于 Q-ridge 估计；当 $\alpha = 0$ 时，Q-EN 估计即为 Q-lasso 估计；对于任意的 $\alpha \in [0,1]$，Elastic Net 惩罚项在 0 点处是奇异的（即一阶导数不存在），且在定义域上是严格凸函数。本节仅考虑 $\alpha \in (0,1)$的情况，这样所提 Q-EN 估计不仅能够像 Q-lasso 一样进行变量选择，同时也具有 Q-ridge 的优势，能够同时选出自变量中相关性较高的变量。

4.2.2　理论性质分析及证明

本节主要建立 Q-EN 模型的 Oracle 性。首先给出如下条件：

（A）存在常数 $c_1 > 0$ 和 $c_2 > 0$ 使得对于任意满足条件$|u| \leqslant c_1$ 的 u，有 $f_i(u)$ 在 0 点和∞点处一致有界，且有

$$|F_i(u) - F_i(0) - uf_i(0)| \leqslant c_2 u^2$$

其中，$f_i(u)$和 $F_i(u)$分别为误差$\epsilon_i (i = 1,\cdots,n)$的密度函数和分布函数。

记 $H = \mathrm{diag}\{f_1(0),\cdots,f_n(0)\}$。

（B）假设$\dfrac{1}{n}\boldsymbol{S}^{\mathrm{T}}\boldsymbol{H}\boldsymbol{S}$ 的最小和最大特征值分别为 c_0 和 $1/c_0$，且

$$\kappa_n \equiv \max_{ij} |x_{ij}| = o(\sqrt{n}s^{-1})$$

在研究 Q-EN 模型的 Oracle 性之前，首先需要借助 Oracle 信息来评价其估计的性质，即假设预先已经知道具体的噪声变量，从而仅利用对因变量有重要影响的自变量进行参数估计。具体地，Oracle 估计 $\hat{\beta}^{\mathrm{Oracle}}$ 定义如下：

$$\hat{\boldsymbol{\beta}}^{\text{Oracle}} = \arg\min_{\beta:\beta_{M^c}=0} L_n(\boldsymbol{\beta})$$

记 $\hat{\boldsymbol{\beta}}^{\text{Oracle}} = [(\hat{\boldsymbol{\beta}}_1^{\text{Oracle}})^{\mathrm{T}}, \mathbf{0}^{\mathrm{T}}]^{\mathrm{T}}$。因此，下面的工作中，首先建立 Oracle 估计的模型选择一致性；其次在此基础上，对 Q-EN 的理论性质展开讨论。

定理 4.1 记 $\gamma_n = \sqrt{s}(\lambda_1 + \lambda_2 + \sqrt{\lg n / n})$，其中 c 是大于 0 的常数。假设条件（A）和（B）成立，且 $\lambda_1 s\kappa_n \to 0$，$\lambda_2 s\kappa_n \to 0$，则存在常数 $C>0$ 使得

$$P(\|\hat{\boldsymbol{\beta}}_1^{\text{Oracle}} - \boldsymbol{\beta}_1^* \|_2 \leqslant \gamma_n) \geqslant 1 - n^{-Cs}$$

在定理 1 的证明之前，先给出如下引理：

引理 4.1（Fan，2014）假设条件（B）成立，则对于任意的 $t>0$，有

$$P(Z_n(M) \geqslant 4M\sqrt{s/n} + t) \leqslant \exp[-nc_0 t^2 / (8M^2)]$$

证明：定义 $\hat{\boldsymbol{\beta}}^{\text{Oracle}} = [(\hat{\boldsymbol{\beta}}_1^o)^{\mathrm{T}}, \mathbf{0}^{\mathrm{T}}]^{\mathrm{T}}$ 为 Oracle 正则化估计，即

$$\hat{\boldsymbol{\beta}}^{\text{Oracle}} = [(\hat{\boldsymbol{\beta}}_1^o)^{\mathrm{T}}, \mathbf{0}^{\mathrm{T}}]^{\mathrm{T}} = \arg\min_{\beta} L_n(\boldsymbol{\beta}, \mathbf{0})$$

其中，$\hat{\boldsymbol{\beta}}_1^o \in \boldsymbol{R}^s$ 是非零部分，$\mathbf{0}$ 代表所有为零的部分。

记 $v_n = \sum_{i=1}^n \rho_\tau(y_i - \boldsymbol{x}_i^{\mathrm{T}} \boldsymbol{\beta})$，则有 $L_n(\boldsymbol{\beta}) = v_n(\boldsymbol{\beta}) + n\lambda_1 \|\boldsymbol{\beta}\|_1 + n\lambda_1 \|\boldsymbol{\beta}\|_1$。对于给定的常数 $M>0$，定义集合

$$B_0(M) = \{\boldsymbol{\beta} \in \boldsymbol{R}^p : \|\boldsymbol{\beta} - \boldsymbol{\beta}^*\|_2 \leqslant M, \operatorname{supp}(\boldsymbol{\beta}) \subseteq \operatorname{supp}(\boldsymbol{\beta}^*)\}$$

定义函数

$$Z_n(M) = \sup_{\beta \in B_0(M)} \frac{1}{n} |[v_n(\boldsymbol{\beta}) - v_n(\boldsymbol{\beta}^*)] - E[v_n(\boldsymbol{\beta}) - v_n(\boldsymbol{\beta}^*)]|$$

首先证明对于任意的 $\boldsymbol{\beta} = (\boldsymbol{\beta}_1^{\mathrm{T}}, \mathbf{0}^{\mathrm{T}})^{\mathrm{T}} \in B_0(M)$，其中 $M = o(k_n^{-1} s^{-1/2})$，当 n 足够大时，有

$$E[v_n(\boldsymbol{\beta}) - v_n(\boldsymbol{\beta}^*)] \geqslant \frac{1}{2} c_0 n \|\boldsymbol{\beta}_1 - \boldsymbol{\beta}_1^*\|_2^2 \tag{4.2}$$

记 $a_i = |\boldsymbol{S}_i^{\mathrm{T}}(\boldsymbol{\beta}_1 - \boldsymbol{\beta}_1^*)|$，其中 $\boldsymbol{S} = (\boldsymbol{S}_1, \cdots, \boldsymbol{S}_n)^{\mathrm{T}} = (\tilde{\boldsymbol{x}}_1, \cdots, \tilde{\boldsymbol{x}}_s)$，则对于 $\boldsymbol{\beta} \in B_0(M)$ 有

$$|a_i| \leqslant \|\boldsymbol{S}_i\|_2 \|\boldsymbol{\beta}_1 - \boldsymbol{\beta}_1^*\|_2 \leqslant \sqrt{s} k_n M \to 0$$

因此，当 $\boldsymbol{S}_i^{\mathrm{T}}(\boldsymbol{\beta}_1-\boldsymbol{\beta}_1^*)>0$ 时，由 $E[1\{\epsilon_i\leqslant 0\}]=\tau$ 、Fubini 定理、中值定理以及条件（A）可推得

$$E[\rho_\tau(\epsilon_i-a_i)-\rho_\tau(\epsilon_i)]=\frac{1}{2}a_i^2 f_i(0)+\frac{1}{3}c_2a_i^3$$

当 $\boldsymbol{S}_i^{\mathrm{T}}(\boldsymbol{\beta}_1-\boldsymbol{\beta}_1^*)<0$ 时，同理可推得上式成立。

另一方面，根据条件（B）有

$$\sum_{i=1}^n f_i(0)a_i^2\geqslant c_0 n\|\boldsymbol{\beta}_1-\boldsymbol{\beta}_1^*\|_2^2$$

由此，可进一步推得

$$\begin{aligned}E[v_n(\boldsymbol{\beta})-v_n(\boldsymbol{\beta}^*)]&=\sum_{i=1}^n E[\rho_\tau(\epsilon_i-a_i)-\rho_\tau(\epsilon_i)]\\&=\sum_{i=1}^n\left[f_i(0)a_i^2+\frac{1}{3}c_2a_i^3\right]\\&\geqslant\frac{1}{2}c_0 n\|\boldsymbol{\beta}_1-\boldsymbol{\beta}_1^*\|_2^2\end{aligned}$$

显然，对于任意的 $\boldsymbol{\beta}=(\boldsymbol{\beta}_1^{\mathrm{T}},\boldsymbol{0}^{\mathrm{T}})^{\mathrm{T}}\in B_0(M)$ 均有式（4.2）成立。然而，Oracle 估计 $\hat{\boldsymbol{\beta}}^{\text{Oracle}}=[(\hat{\boldsymbol{\beta}}_1^o)^{\mathrm{T}},\boldsymbol{0}^{\mathrm{T}}]^{\mathrm{T}}$ 可能并不属于集合 M，因此，令 $\tilde{\boldsymbol{\beta}}=(\tilde{\boldsymbol{\beta}}_1^{\mathrm{T}},\boldsymbol{0})^{\mathrm{T}}$，其中

$$\tilde{\boldsymbol{\beta}}_1=\mu\hat{\boldsymbol{\beta}}_1^o+(1-\mu)\boldsymbol{\beta}_1^*$$

而

$$\mu=\frac{M}{M+\|\hat{\boldsymbol{\beta}}_1^o-\boldsymbol{\beta}_1^*\|_2}$$

从而有 $\tilde{\boldsymbol{\beta}}\in B_0(M)$。根据 $\hat{\boldsymbol{\beta}}_1^o$ 的定义及目标函数的凸性，可得

$$L_n(\tilde{\boldsymbol{\beta}})\leqslant\mu L_n(\hat{\boldsymbol{\beta}}_1^o,0)+(1-\mu)L_n(\boldsymbol{\beta}_1^*,0)\leqslant L_n(\boldsymbol{\beta}_1^*,0)=L_n(\boldsymbol{\beta})$$

由此，进一步可得

$$\begin{aligned}E[v_n(\tilde{\boldsymbol{\beta}})-v_n(\boldsymbol{\beta}^*)]=&[v_n(\boldsymbol{\beta}^*)-Ev_n(\boldsymbol{\beta}^*)]-[v_n(\tilde{\boldsymbol{\beta}})-Ev_n(\tilde{\boldsymbol{\beta}})]\\&+L_n(\tilde{\boldsymbol{\beta}})-L_n(\boldsymbol{\beta}^*)\end{aligned}$$

$$+n\lambda_1(\|\boldsymbol{\beta}_1^*\|_1-\|\tilde{\boldsymbol{\beta}}_1\|_1)+n\lambda_2(\|\boldsymbol{\beta}_1^*\|_2^2-\|\tilde{\boldsymbol{\beta}}_1\|_2^2)$$

$$\leqslant nZ_n(M)+n\lambda_1\|\boldsymbol{\beta}_1^*-\tilde{\boldsymbol{\beta}}_1\|_1+n\lambda_2(\|\boldsymbol{\beta}_1^*\|_2^2-\|\tilde{\boldsymbol{\beta}}_1\|_2^2)$$

根据引理 4.1，有

$$P[Z_n(M)\leqslant 2Mn^{-1/2}\sqrt{s\log n}]\geqslant 1-\exp[-c_0s(\lg n)/2]$$

通过 Cauchy-Schwarz 不等式，有

$$n\lambda_1\|\boldsymbol{\beta}_1^*-\tilde{\boldsymbol{\beta}}_1\|_1\leqslant n\lambda_1\sqrt{s}M$$

$$n\lambda_2(\|\boldsymbol{\beta}_1^*\|_2^2-\|\tilde{\boldsymbol{\beta}}_1\|_2^2)\leqslant 2C_Mn\lambda_2\|\boldsymbol{\beta}_1^*-\tilde{\boldsymbol{\beta}}_1\|_1\leqslant 2C_Mn\lambda_2\sqrt{s}M$$

其中，$C_M=\max\{\boldsymbol{\beta}_1^*,\dots,\boldsymbol{\beta}_s^*,\tilde{\boldsymbol{\beta}}_1,\dots,\tilde{\boldsymbol{\beta}}_s\}$。因此，有

$$E[v_n(\tilde{\boldsymbol{\beta}})-v_n(\boldsymbol{\beta}^*)]\leqslant(2\sqrt{sn\lg n}+n\lambda_1\sqrt{s}+2C_Mn\lambda_2\sqrt{s})M$$

令 $M=2\sqrt{s/n}+\lambda_1\sqrt{s}+\lambda_2\sqrt{s}$，由 $\lambda_1\sqrt{s}k_n\to 0$，$\lambda_2\sqrt{s}k_n\to 0$，及 $k_n=o(\sqrt{n}s^{-1})$，容易验证 $M=o(k_n^{-1}s^{-1/2})$。结合式 (4.2)，易得

$$\frac{1}{2}c_0n\|\tilde{\boldsymbol{\beta}}_1-\boldsymbol{\beta}_1^*\|_2^2\leqslant(2\sqrt{sn\lg n}+n\lambda_1\sqrt{s}+2C_Mn\lambda_2\sqrt{s})(2\sqrt{s/n}+\lambda_1\sqrt{s}+\lambda_2\sqrt{s})$$

则

$$\frac{1}{2}c_0n\|\tilde{\boldsymbol{\beta}}_1-\boldsymbol{\beta}_1^*\|_2\leqslant O(\sqrt{s\lg n/n}+\lambda_1\sqrt{s}+\lambda_2\sqrt{s})$$

又由 $\|\boldsymbol{\beta}_1^*-\tilde{\boldsymbol{\beta}}\|_2\leqslant M$ 可得 $\|\hat{\boldsymbol{\beta}}_1-\boldsymbol{\beta}_1^*\|\leqslant 2M$，因此有

$$\|\hat{\boldsymbol{\beta}}_1-\boldsymbol{\beta}_1^*\|\leqslant O(\sqrt{s\lg n/n}+\lambda_1\sqrt{s}+\lambda_2\sqrt{s})$$

定理 4.1 证毕。

注释 4.1　定理 4.1 说明当预先已知对因变量有重要影响的自变量，且仅用这部分重要变量对参数进行估计时，所得估计是一致的。

下面给出本章所提估计模型的一致性定理及证明。首先给出如下假设条件:

(C) 定义 γ_n 如定理 4.1 所示，假设

$$\left\|\frac{1}{n}\boldsymbol{Q}^{\mathrm{T}}\boldsymbol{HS}\right\|_{2,\infty}<\frac{\lambda_1}{2\gamma_n}$$

其中，$\|\boldsymbol{A}\|_{2,\infty}=sup_{x\neq0}\|\boldsymbol{Ax}\|_{\infty}/\|\boldsymbol{x}\|_2$。

定理 4.2　假设条件（A）~（C）成立，如果 $\max_j|\boldsymbol{\beta}_j|=o(\lambda_1/\lambda_2)$, $\gamma_n s^{3/2}\kappa_n^2(\log_2 n)^2=o(n\lambda_1^2), \kappa_n^3\gamma_n^2=o(\lambda_1), \lambda_1>2\sqrt{(1+c)(\lg p)/n}$，其中 κ_n 如条件（B）所示，γ_n 如定理 4.1 所示，c 为大于 0 的常数，则存在 $L_n(\boldsymbol{\beta})$的全局最小值 $\hat{\boldsymbol{\beta}}=[(\hat{\boldsymbol{\beta}}_1^{\text{Oracle}})^{\text{T}},\hat{\boldsymbol{\beta}}_2^{\text{T}}]^{\text{T}}$ 以概率 $1-O(n^{-cs})$满足:

① 稀疏性：$\hat{\boldsymbol{\beta}}_2=0$。

② 估计一致性：$\|\hat{\boldsymbol{\beta}}_1-\boldsymbol{\beta}_1^*\|_2\leqslant\gamma_n$。

下面给出定理 4.2 的证明。首先给出如下引理及定义。

引理 4.2　Hoeffding 不等式：令 $Z_1,\cdots,Z_n$为在空间 Γ 取值的独立随机变量，γ 为定义在 Γ 上的实值函数，对于任意的 i 满足

$$E[\gamma(Z_i)]=0,|\gamma(Z_i)|<C_i$$

则对于任意 $t>0$，有

$$P\left[\left|\sum_{i=1}^{n}\gamma(Z_i)\right|\geqslant t\right]\leqslant 2\exp\left(-\frac{t^2}{2\sum_{i=1}^{n}C_i^2}\right)$$

引理 4.3　令 $Z_1,\cdots,Z_n$为在空间 Γ 取值的独立随机变量，γ 为定义在 Γ 上的实值函数。假设存在非随机常数 $R_n<\infty$和 $A>0$,

$$\|\gamma\|_n\leqslant R_n$$

且对任意的 $0<s<S$,

$$\lg[1+N(2^{-s}R_n,\Gamma,\|\cdot\|_n)]\leqslant A2^{2s}$$

有

$$P\left[\sup_{\gamma\in\Gamma}\left|\frac{1}{n}\sum_{i=1}^{n}\gamma(Z_i)\right|>\frac{4R_N}{\sqrt{n}}(3\sqrt{A}\log_2 n+4)+4t\right]\leqslant 4\exp\left(-\frac{nt^2}{8}\right)$$

定义　对于 $\delta>0$、$(\Gamma,\|\cdot\|_n)$的 σ 覆盖数是指中心为 Γ、半径为 δ 的球的最小个数，其熵为 $H(\cdot,\Gamma,\|\cdot\|_n):=\lg N(\cdot,\Gamma,\|\cdot\|_n)$。

证明： 由于 $\hat{\boldsymbol{\beta}}_1^o$ 是 $L_n(\boldsymbol{\beta}_1,0)$的最小值，因此它满足 KKT 条件。为证明 $\hat{\boldsymbol{\beta}}=[(\hat{\boldsymbol{\beta}}_1^o)^{\text{T}},0]^{\text{T}}$ 是 $L_n(\boldsymbol{\beta})$的全局最小值，只需证明下列条件成立:

$$\| \boldsymbol{Q}^{\mathrm{T}} \rho_{\tau}'(\boldsymbol{y}-\boldsymbol{S}\hat{\boldsymbol{\beta}}_1^o) \|_{\infty} + n\lambda_2 \| \hat{\boldsymbol{\beta}}_1^o \|_{\infty} < n\lambda_1$$

考虑集合 $\boldsymbol{N}=\{\boldsymbol{\beta}=(\boldsymbol{\beta}_1^{\mathrm{T}},\boldsymbol{\beta}_2^{\mathrm{T}})\in R^p:\boldsymbol{\beta}_2=0,\|\boldsymbol{\beta}_1-\boldsymbol{\beta}_1^*\|_2\leqslant\eta_n\}$，其中 $\eta_n\to 0$。对于固定的 $j\in\{s+1,\cdots,p\}$ 和 $\boldsymbol{\beta}=(\boldsymbol{\beta}_1^{\mathrm{T}},\boldsymbol{\beta}_2^{\mathrm{T}})^{\mathrm{T}}\in\boldsymbol{N}$，定义

$$\gamma_{\beta,j}(\boldsymbol{x}_i,y_i)=x_{ij}\{\rho_\tau'(y_i-\boldsymbol{x}_i^{\mathrm{T}}\boldsymbol{\beta})-\rho_\tau'(\epsilon_i)-E[\rho_\tau'(y_i-\boldsymbol{x}_i^{\mathrm{T}}\boldsymbol{\beta})-\rho_\tau'(\epsilon_i)]\}$$

其中，$\boldsymbol{x}_i^{\mathrm{T}}=(x_{i1},\cdots,x_{ip})$ 是 $\boldsymbol{X}$ 的第 i 行，则只需证明下列式子

$$I_1\equiv\sup_{\beta\in N}\left\|\frac{1}{n}Q^{\mathrm{T}}E[\rho_\tau'(\boldsymbol{y}-\boldsymbol{S}\boldsymbol{\beta}_1)-\rho_\tau'(\boldsymbol{\epsilon})]\right\|_\infty=o(\lambda_1)$$

$$I_2\equiv\frac{1}{n}\|Q^{\mathrm{T}}\rho_\tau'(\boldsymbol{\epsilon})\|_\infty=o_p(\lambda_1)$$

$$I_3\equiv\max_{j>s}\sup_{\beta\in N}\left|\frac{1}{n}\sum_{i=1}^{n}\gamma_{\beta,j}(\boldsymbol{x}_i,y_i)\right|=o_p(\lambda_1)$$

$$I_4\equiv\lambda_2\|\boldsymbol{\beta}_1\|_\infty=o(\lambda_1)$$

以概率 $1-o(p^{-c})$成立。

显然 I_4 式成立。

首先证明 I_1 式成立。I_1 重新整理如下

$$I_1\equiv\max_{j>s}\sup_{\beta\in N}\left|\frac{1}{n}\sum_{i=1}^{n}x_{ij}E[\rho_\tau'(\epsilon_i)-\rho_\tau'(\boldsymbol{y}-\boldsymbol{x}_i^{\mathrm{T}}\boldsymbol{\beta}_1)]\right|$$

由条件（A），有

$$E[\rho_\tau'(\epsilon_i)-\rho_\tau'(\boldsymbol{y}-\boldsymbol{S}\boldsymbol{\beta}_1)]=E[\rho_\tau'(\epsilon_i)-\rho_\tau'(a_i-\epsilon_i)]=f_i(0)\boldsymbol{S}_i^{\mathrm{T}}(\boldsymbol{\beta}_1-\boldsymbol{\beta}_1^*)+\tilde{I}_i$$

其中，$\tilde{I}_i=F_i[\boldsymbol{S}_i^{\mathrm{T}}(\boldsymbol{\beta}_1-\boldsymbol{\beta}_1^*)]-F_i(0)-f_i(0)\boldsymbol{S}_i^{\mathrm{T}}(\boldsymbol{\beta}_1-\boldsymbol{\beta}_1^*)$。所以，对于任意的 $j>s$，有

$$\begin{aligned}\sum_{i=1}^{n}x_{ij}E[\rho_\tau'(\epsilon_i)-\rho_\tau'(\boldsymbol{y}-\boldsymbol{x}_i^{\mathrm{T}}\boldsymbol{\beta}_1)]&=\sum_{i=1}^{n}[f_i(0)\boldsymbol{S}_i^{\mathrm{T}}(\boldsymbol{\beta}_1-\boldsymbol{\beta}_1^*)]+\sum_{i=1}^{n}x_{ij}\tilde{I}_i\\&\leqslant\left\|\frac{1}{n}\boldsymbol{Q}^{\mathrm{T}}\boldsymbol{H}\boldsymbol{S}(\beta_1-\beta_1^*)\right\|_\infty+\max_{j>s}\left|\frac{1}{n}\sum_{i=1}^{n}x_{ij}\tilde{I}_i\right|\end{aligned}$$

根据条件（C），有

$$\left\|\frac{1}{n}\boldsymbol{Q}^{\mathrm{T}}\boldsymbol{HS}(\boldsymbol{\beta}_1-\boldsymbol{\beta}_1^*)\right\|_{\infty}\leqslant\left\|\frac{1}{n}\boldsymbol{Q}^{\mathrm{T}}\boldsymbol{HS}\right\|_{2,\infty}\|(\boldsymbol{\beta}_1-\boldsymbol{\beta}_1^*)\|_{\infty}\leqslant\frac{\lambda_1}{2}$$

根据条件（A），有$|\tilde{I}_i|\leqslant c[\boldsymbol{S}_i^{\mathrm{T}}(\boldsymbol{\beta}_1-\boldsymbol{\beta}_1^*)]^2$

结合条件（B），可得

$$\max_{j>s}\left|\frac{1}{n}\sum_{i=1}^{n}x_{ij}\tilde{I}_i\right|\leqslant\frac{\kappa_n}{n}\sum_{i=1}^{n}|\tilde{I}_i|\leqslant c\kappa_n^3\gamma_n^2$$

因为$\boldsymbol{\beta}\in\boldsymbol{N}$，又$\lambda_1^{-1}\kappa_n^3\gamma_n^2=o(1)$，则可得

$$\max_{j>s}\left|\frac{1}{n}\sum_{i=1}^{n}x_{ij}\tilde{I}_i\right|=o(\lambda_1)$$

所以I_1式成立。

其次，证明I_2式成立。

根据引理 4.2，如果$\lambda_1>2\sqrt{(1+c)\lg p}/n$，则有

$$\begin{aligned}P(\|\boldsymbol{Q}^{\mathrm{T}}\rho_\tau'(\epsilon)\|_{\infty}\geqslant n\lambda_1)&\leqslant P\left[\sum_{j=s+1}^{p}\sum_{i=1}^{n}\tilde{x}_{ij}\rho_\tau'(\epsilon_i)\geqslant n\lambda_1\right]\\&\leqslant\sum_{j=s+1}^{p}P\left[\sum_{i=1}^{n}\tilde{x}_{ij}\rho_\tau'(\epsilon_i)\geqslant n\lambda_1\right]\\&\leqslant\sum_{j=s+1}^{p}2\exp\left(-\frac{n^2\lambda_1^2}{4\sum_{i=1}^{n}\tilde{x}_{ij}^2}\right)\\&=2\exp\left[\lg(p-s)-\frac{n\lambda_1^2}{4}\right]\\&\leqslant O(p^{-c})\end{aligned}$$

所以I_2以概率 1 − $O(p^{-c})$成立。

最后，证明I_3式成立。

定义函数空间$\Gamma_j=\{\eta_{\beta,j}:\boldsymbol{\beta}\in\boldsymbol{N}\}$，易得

$$\|\eta_{\beta,j}\|_n\leqslant 2$$

$$\lg[1+\boldsymbol{N}(2^{2-k},\Gamma,\|\cdot\|_2)]\leqslant 4(1+C^{-1}\gamma_n s^{3/2}\kappa_n^2)2^{2k}$$

对于任意的 $0 \leqslant k \leqslant (\log_2 n)/2$ 成立。其中 $\boldsymbol{N}(2^{2-k}, \Gamma, \|\cdot\|_2)$ 是函数空间 Γ 的覆盖数。

根据引理 4.3，可推得对于任意的 $t > 0$，有

$$P\left[\sup_{\beta \in N}\left|\frac{1}{n}\sum_{i=1}^{n}\eta_{\beta,j}(\boldsymbol{x}_i, y_i)\right| \geqslant \frac{8}{\sqrt{n}}(3C^{-1}\sqrt{1+\eta_n s^{3/2}\kappa_n^2}\log_2 n + 4) + 4t\right]$$

$$\leqslant 4\exp\left(\frac{nt^2}{8}\right)$$

取 $t = \sqrt{C \lg p / n}$，其中 C 是大于 0 的常数，则可得

$$P\left(\max_{j>s}\sup_{\beta \in N}\left|\frac{1}{n}\sum_{i=1}^{n}\gamma_{\beta,j}(\boldsymbol{x}_i, y_i)\right| \geqslant \frac{24}{\sqrt{n}}(3C^{-1}\sqrt{1+\gamma_n s^{3/2}\kappa_n^2}\log_2 n)\right.$$

$$\leqslant 4(p-s)\exp\left(\frac{C\lg p}{8}\right) \to 0$$

因此，如果 $\sqrt{1+\gamma_n s^{3/2}\kappa_n^2}\log_2 n = o(\sqrt{n}\lambda_1)$，则 I_3 以概率 $1 - O(p^{-c})$ 成立。

定理 4.2 证毕。

注释 4.2　定理 4.2 说明当回归模型中含有噪声变量时，Q-EN 估计有能力选出只对因变量有影响的自变量，且相应的系数估计具有估计一致性。

4.2.3　求解算法

本节中给出所提模型 Q-EN 的 ADMM 求解算法。

为书写方便，定义 $Q_\tau(z) = (1/n)\sum_{i=1}^{n}\rho_\tau(z_i)$，其中 $\boldsymbol{z} = (z_1, \cdots, z_n)^{\mathrm{T}}$。为了能够更好地处理分位数函数的非光滑性问题，引入了新的变量 $\boldsymbol{z} = \boldsymbol{y} - \boldsymbol{X\beta}$。因此，式（4.1）可转化为

$$\min_{\beta, z} Q_\tau(z) + \lambda_1 \|\boldsymbol{\beta}\|_1 + \frac{\lambda_2}{2}\|\boldsymbol{\beta}\|_2^2$$

$$\text{使}\quad \boldsymbol{X\beta} + \boldsymbol{z} = \boldsymbol{y} \tag{4.3}$$

式（4.3）的拉格朗日函数如下：

$$\ell_\sigma(\boldsymbol{\beta},\boldsymbol{z},\boldsymbol{\theta}):=Q_\tau(z)+\lambda_1\|\boldsymbol{\beta}\|_1+\frac{\lambda_2}{2}\|\boldsymbol{\beta}\|_2^2-<\boldsymbol{\theta},\boldsymbol{X\beta}+\boldsymbol{z}-\boldsymbol{y}>$$
$$+\frac{\sigma}{2}\|\boldsymbol{X\beta}+\boldsymbol{z}-\boldsymbol{y}\|_2^2$$

其中，σ 为大于 0 的拉格朗日参数，$\boldsymbol{\theta}\in\boldsymbol{R}^n$ 是拉格朗日乘子，$<\cdot,\cdot>$和$\|\cdot\|_2$分别代表向量内积和 L_2 范数。从而，有

$$\boldsymbol{\beta}^{k+1}:=\arg\min_{\beta}\ell_\sigma(\boldsymbol{\beta},\boldsymbol{z}^k,\boldsymbol{\theta}^k)$$

$$\boldsymbol{z}^{k+1}:=\arg\min_{z}\ell_\sigma(\boldsymbol{\beta}^{k+1},\boldsymbol{z},\boldsymbol{\theta})$$

$$\boldsymbol{\theta}^{k+1}:=\boldsymbol{\theta}^k-\sigma(\boldsymbol{X\beta}^{k+1}+\boldsymbol{z}^{k+1}-\boldsymbol{y})$$

其中（$\boldsymbol{\beta}^k,\boldsymbol{z}^k,\boldsymbol{\theta}^k$）$(k\geqslant 0)$代表第 k 次迭代值。更为具体地，对于 β 的更新，有

$$\boldsymbol{\beta}^{k+1}:=\arg\min_{\beta}\lambda_1\|\boldsymbol{\beta}\|_1+\frac{\lambda_2}{2}\|\boldsymbol{\beta}\|_2^2$$
$$-<\boldsymbol{\theta},\boldsymbol{X\beta}+\boldsymbol{z}-\boldsymbol{y}>+\frac{\sigma}{2}\|\boldsymbol{X\beta}+\boldsymbol{z}-\boldsymbol{y}\|_2^2$$
$$=\arg\min_{\beta}\frac{\sigma}{2}\left\|\boldsymbol{y}-\boldsymbol{z}+\frac{\boldsymbol{\theta}}{\sigma}-\boldsymbol{X\beta}\right\|_2^2+\lambda_1\|\boldsymbol{\beta}\|_1+\frac{\lambda_2}{2}\|\boldsymbol{\beta}\|_2^2 \tag{4.4}$$

这是经典的 Elastic Net 估计，可用坐标下降法进行求解。

对于 $\boldsymbol{z}$ 的更新，有

$$\boldsymbol{z}^{k+1}:=\arg\min_{z}Q_\tau(z)-<\boldsymbol{\theta}^k,\boldsymbol{z}>+\frac{\sigma}{2}\|\boldsymbol{X\beta}+\boldsymbol{z}-\boldsymbol{y}\|_2^2$$
$$=\text{Prox}_{\rho_\tau}[y_i-\boldsymbol{x}_i^{\mathrm{T}}\boldsymbol{\beta}^{k+1}+\sigma^{-1}\boldsymbol{\theta}_i^k,n\sigma] \tag{4.5}$$

对于 $\boldsymbol{\theta}$ 的更新，有

$$\boldsymbol{\theta}^{k+1}:=\boldsymbol{\theta}^k-\sigma(\boldsymbol{X\beta}^{k+1}+\boldsymbol{z}^{k+1}-\boldsymbol{y}) \tag{4.6}$$

将上述步骤归纳为如下算法：

算法 4.1 Q-EN 的 ADMM 求解算法

输入:

数据 $\{(\boldsymbol{x}_i, y_i)\}_{i=1}^{n}$；

正则化参数 λ；分位数参数 τ；拉格朗日参数 σ；迭代误差 ε。

输出:

回归系数 $\hat{\boldsymbol{\beta}}$。

方法:

初始化：给定初始值（$\boldsymbol{\beta}^0,\boldsymbol{z}^0,\boldsymbol{\theta}^0$）。

repeat

根据公式（4.4）更新 $\hat{\boldsymbol{\beta}}$；

根据公式（4.5）更新 $\hat{\boldsymbol{z}}$；

根据公式（4.6）更新 $\hat{\boldsymbol{\theta}}$。

until 满足 $\|\hat{\boldsymbol{\beta}}^k - \hat{\boldsymbol{\beta}}^{k-1}\|_2 \leqslant \varepsilon$。

Q-EN 的 ADMM 求解算法复杂度分析如下。给定 n 个样本，更新一次 $\boldsymbol{z}$ 和 $\boldsymbol{\Theta}$ 均需计算 n 次，同时计算一次 $\{\beta_j\}_{j=1}^{p}$ 的时间复杂度为 $O(np)$，因此上述算法的时间复杂度为 $O(np)$。

4.3 实验验证与分析

4.3.1 模拟实验结果与分析

生成高维线性回归模型

$$y_i = \boldsymbol{x}_i^{\mathrm{T}} \boldsymbol{\beta}_0 + \epsilon_i$$

其中，样本量 $n = 100$，变量维数 $p = 400$。对于回归系数 $\boldsymbol{\beta}$ 和协方差变量 $\boldsymbol{X}$，按如下两种方式生成：

（a）$\boldsymbol{\beta}_0 = \{2.0,1.5,0,0.8,0,0,1.0,0,1.75,0,0,0.75,0,0,0.3,0,\cdots,0\}$。

预测变量 $\boldsymbol{X}$ 生成如 $\boldsymbol{x} \sim \mathrm{N}(0,\boldsymbol{\Sigma}_x)$，其中 $\boldsymbol{\Sigma}_x$ 为单位矩阵（即 $\boldsymbol{\Sigma}_x = \boldsymbol{I}_p$）。

（b）$\boldsymbol{\beta}_0 = \{\underbrace{3,\cdots,3}_{15},\underbrace{0,\cdots,0}_{385}\}$。

预测变量 $\boldsymbol{X}$ 生成如下：

$$x_i = Z_1 + \epsilon_i^x, Z_1 \sim \mathrm{N}(0,1), i = 1,\cdots,5$$

$$x_i = Z_2 + \epsilon_i^x, Z_1 \sim \mathrm{N}(0,1), i = 6,\cdots,10$$

$$x_i = Z_3 + \epsilon_i^x, Z_1 \sim \mathrm{N}(0,1), i = 11,\cdots,15$$

其中，$\epsilon_i^x (i = 1,\cdots,15)$ 独立同分布，服从期望为 0、方差为 0.01 的正态分布。此处须特别注意的是与模型误差ϵ不同，误差 ϵ_i^x 是用来生成协方差变量的。剩余协方差变量 $x_i \sim \mathrm{N}(0,1)$，$i = 16,\cdots,100$。在该模型中，有三个同等重要的组，每组中有五个变量。一个理想的回归系数估计方法不仅具有稳健性，可以处理数据中含有的异常点或重尾误差，而且能够将变量中存在的组相关变量同时选出或同时剔除掉。

本实验考虑了多种误差分布，具体包括：正态分布 N(0,1)；同尺度的混合正态分布 MN_1，含有概率为 0.9 的 $\sigma_i^2 = 1$ 和概率为 0.1 的 $\sigma_i^2 = 25$ 两部分；不同尺度的混合分布 $\mathrm{MN}_2, \epsilon_i \sim \mathrm{N}(0, \sigma_i^2)$，且 $\sigma_i \sim Unif(1,5)$；Laplace 分布；自由度为 4 的学生 T 分布 T(4)；Cauchy 分布。图 4.1 给出了多种误差的分布图。

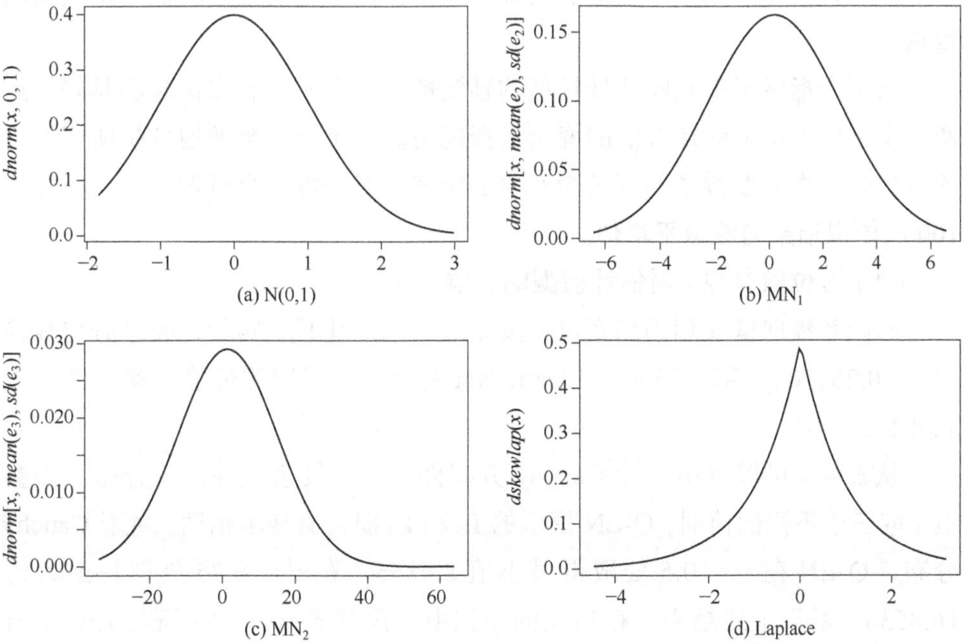

(a) N(0,1)　(b) MN_1　(c) MN_2　(d) Laplace

图 4.1

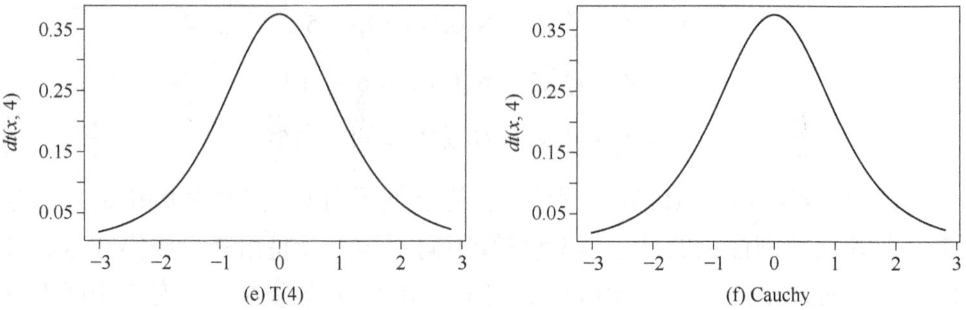

图 4.1　六种误差分布曲线图

从图中易见，分布 N(0,1)和 T(4)具有对称性，其余分布均呈现一定的偏态性，其中 Cauchy、Laplace 分布最为严重，MN_2 次之。

本实验通过 L_2 loss 、L_1 loss ($\|\hat{\boldsymbol{\beta}}-\boldsymbol{\beta}\|_1$)、FP 和 FN 四个指标来评估估计方法的有效性，后两个指标定义如下：

- FP（false positive）：假阳性的数量，即模型中包含的噪声协变量的数量。
- FN（false negative）：假阴性的数量，即不包括在内的信号协变量的数量。

前两个指标用来判断估计模型的预测能力，显然二者取值越小越好；后两个指标用来衡量估计方法的变量选择能力。为了更加全面地分析所提模型的有效性，本章设置了如下三个实验的研究。对于每一个设置，给出了基于 100 次模拟结果的测量平均值。

（1）分位数参数 τ 对估计模型的影响

回归系数向量 $\boldsymbol{\beta}$ 和预测变量 x 按照方式（a）生成。实验比较了分位数参数 $\tau=0.25$、0.50 和 0.75 时，Elastic Net 罚分位数回归的性能，实验结果见表 4.1。

从表 4.1 可以看出，除 Cauchy 分布外，对于其余五种误差分布，当参数 τ 取三个不同的值时，Q-EN 模型的 L_2 和 L_1 损失值基本相同。对于 Cauchy 分布，Q-EN 在 τ = 0.5 处取得最小值 8.4855，在 τ = 0.75 处取得最大值 16.8538。基于上述结果，在后续的研究中，只对 $\tau=0.5$ 的情况展开讨论与研究。

表 4.1　不同 τ 值下 Q-EN 估计的实验结果

项目		$\tau = 0.25$	$\tau = 0.5$	$\tau = 0.75$
N(0,1)	L_2 损失	4.1128 ± 0.5586	4.0812 ± 0.5267	4.0898 ± 0.5546
	L_1 损失	6.3222 ± 0.6095	6.2755 ± 0.5371	6.2856 ± 0.5728
	FP	152.96 ± 17.3886	151.97 ± 14.0995	152.29 ± 15.0221
	FN	0.80 ± 0.6963	0.69 ± 0.6466	0.71 ± 0.6243
MN_1	L_2 损失	5.2142 ± 0.6398	5.1708 ± 0.6894	5.2340 ± 0.6809
	L_1 损失	7.4244 ± 0.5733	7.3455 ± 0.6350	7.4303 ± 0.6186
	FP	178.35 ± 14.8006	177.02 ± 16.9836	0.76 ± 0.7261
	FN	0.75 ± 0.7299	0.76 ± 0.7537	0 ± 0
MN_2	L_2 损失	3.3917 ± 0.0382	3.3771 ± 0.0596	3.3953 ± 0.0367
	L_1 损失	2.9178 ± 0.0858	2.9385 ± 0.1046	2.9259 ± 0.0892
	FP	7.80 ± 5.4643	9.12 ± 6.7887	7.76 ± 6.3598
	FN	6.32 ± 0.8514	6.16 ± 0.8254	6.40 ± 0.7914
Laplace	L_2 损失	3.9236 ± 0.5701	3.9466 ± 0.5031	4.0328 ± 0.5635
	L_1 损失	6.1436 ± 0.6267	6.1723 ± 0.5232	6.2816 ± 0.6035
	FP	150.21 ± 18.8145	151.08 ± 14.9062	154.81 ± 16.6525
	FN	0.68 ± 0.6495	0.72 ± 0.6369	0.71 ± 0.7288
T(4)	L_2 损失	2.6768 ± 0.1801	2.6595 ± 0.1931	2.6593 ± 0.2208
	L_1 损失	2.7338 ± 0.1003	2.7471 ± 0.1097	2.7390 ± 0.0912
	FP	14.36 ± 7.3629	15.97 ± 8.0044	14.97 ± 7.2773
	FN	2.50 ± 0.9796	2.33 ± 0.9434	2.34 ± 1.0466
Cauchy	L_2 损失	8.7706 ± 34.3856	8.4855 ± 20.0898	16.8538 ± 109.9946
	L_1 损失	5.3980 ± 8.2002	5.6198 ± 7.6922	6.1082 ± 13.5216
	FP	55.51 ± 91.5480	52.50 ± 102.8474	54.97 ± 95.4174
	FN	6.04 ± 1.7576	6.08 ± 1.8514	6.02 ± 1.8748

（2）Q-EN 估计的组变量选择能力

在此实验中，回归系数向量 β 和预测变量 x 按照方式（b）生成。为了更好地评价 Q-EN 性能，本节将其与 L_1 罚分位数回归（Q-lasso）和 L_2 罚分位数回归（Q-ridge）两种估计方法进行了比较，两种估计方法具体如下：

- Q-lasso：$\hat{\boldsymbol{\beta}} = \arg\min_{\beta} \frac{1}{n}\sum_{i=1}^{n} \rho_\tau(y_i - \boldsymbol{x}_i^{\mathrm{T}}\boldsymbol{\beta}) + \lambda\sum_{j=1}^{p} |\beta_j|_1$。

- Q-ridge： $\hat{\boldsymbol{\beta}}=\arg\min_{\beta}\frac{1}{n}\sum_{i=1}^{n}\rho_\tau(y_i-\boldsymbol{x}_i^{\mathrm{T}}\boldsymbol{\beta})+\lambda\sum_{j=1}^{p}|\beta_j|_2^2$ 。

此外，本节增加了 NRC 和 NNC 两个评价指标，其定义如下：

- NRC（the number of the relevant coefficients）：相关系数个数，即前 15 个变量中选出的变量个数。
- NNC（the number of the non-zero coefficients）：非零系数个数，即 400 个变量中所估计出的非零回归参数的个数。

表 4.2 给出了三种估计模型在所有指标下的实验结果。图 4.2 ~ 图 4.4 分别给出了各种误差分布下，三种模型的 L_2 损失箱线图、NRC 图和 NNC 图。

表 4.2　三种估计方法在各种误差下的组变量选择实验结果

项目		Q-lasso	Q-ridge	Q-EN
N(0,1)	L_2 损失	22.8343 ± 0.1201	8.4442 ± 0.2301	**1.0708** ± 0.1044
	L_1 损失	8.4683 ± 0.0259	8.8858 ± 0.1417	**2.044** ± 0.1402
	FP	**10.78** ± 6.8749	385 ± 0	16.69 ± 6.3766
	FN	9.44 ± 1.5591	0 ± 0	0 ± 0
	NNC	16	400	28
	NRC	5(1,2,6,7,11)	15(1-15)	15(1-15)
MN_1	L_2 损失	22.3517 ± 0.2618	8.4878 ± 0.2432	**1.0765** ± 0.2942
	L_1 损失	8.5125 ± 0.1172	8.9328 ± 0.1409	**2.2863** ± 0.4720
	FP	**17.84** ± 12.8431	385 ± 0	24.36 ± 12.6260
	FN	8.89 ± 1.7803	0 ± 0	0 ± 0
	NNC	14	400	58
	NRC	5(1,2,6,7,11)	15(1-15)	15(1-15)
MN_2	L_2 损失	19.2213 ± 1.3461	8.6828 ± 0.3067	**4.2168** ± 1.4156
	L_1 损失	8.5893 ± 0.6773	9.5106 ± 0.2119	**4.6191** ± 1.1024
	FP	**18.18** ± 15.3303	385 ± 0	25.80 ± 16.6436
	FN	9.06 ± 1.7281	0 ± 0	0 ± 0
	NNC	28	400	26
	NRC	9(1,2,6,7,8,11-14)	15(1-15)	15(1-15)

续表

项目		Q-lasso	Q-ridge	Q-EN
Laplace	L_2 损失	22.7341 ± 0.1675	8.4658 ± 0.2498	**0.9552** ± 0.1848
	L_1 损失	8.4876 ± 0.0473	8.9004 ± 0.1506	**2.0582** ± 0.2876
	FP	**16.15** ± 8.9729	385 ± 0	20.91 ± 10.1793
	FN	9.10 ± 1.6606	0 ± 0	0 ± 0
	NNC	20	400	40
	NRC	7(1,6,7,11-14)	15(1-15)	15(1-15)
T(4)	L_2 损失	22.7703 ± 0.1532	8.4743 ± 0.2109	**0.9528** ± 0.1688
	L_1 损失	8.4831 ± 0.0469	8.8953 ± 0.1600	**2.0372** ± 0.2533
	FP	**14.11** ± 8.6420	385 ± 0	20.25 ± 8.8709
	FN	9.17 ± 1.684	0 ± 0	0 ± 0
	NNC	39	400	28
	NRC	9(1,2,6-9,11-13)	15(1-15)	15(1-15)
Cauchy	L_2 损失	18.7758 ± 3.2196	9.3844 ± 1.4732	**5.0467** ± 3.4804
	L_1 损失	8.4341 ± 0.8680	10.0518 ± 1.4369	**4.7370** ± 1.5042
	FP	**15.59** ± 12.5723	385 ± 0	23.61 ± 15.2441
	FN	9.68 ± 2.3393	0 ± 0	1.65 ± 4.3260
	NNC	16	400	70
	NRC	3(1,6,11)	15(1-15)	15(1-15)

在预测方面，从图 4.2 可以看出，对于 N(0,1)、MN_1、Laplace 和 T(4)的分布，Q-EN 估计在这三种方法中表现最好。对于第二种混合模型 MN_2 和 Cauchy，Q-EN 在 L_2 损失的平均值上比 Q-lasso 和 Q-ridge 有更好的表现，但也存在一些异常值。结合表 4.2 可进一步看出，在所研究的六种噪声分布下，Q-EN 估计相比于 Q-lasso 和 Q-ridge，具有最小的 L_2 和 L_1 损失值，从而也说明本章所提出的模型获得了更准确的预测结果。

在变量选择方面，从图 4.3 和图 4.4 及表 4.2 中不难发现，Q-ridge 模型选出的模型中包含所有变量，这与岭回归是一致的，也就是说 Q-ridge 不具备变量选择的能力。在 Q-EN 和 Q-lasso 方法中，Q-EN 倾向选出更多不相关的预测因子（即大 FP），而 Q-lasso 更加容易剔除真正重要的预测变量（即大 FN）。对于噪声分布 N(0,1)、MN_1、Laplace 和 Cauchy 分布，Q-EN 所选模型

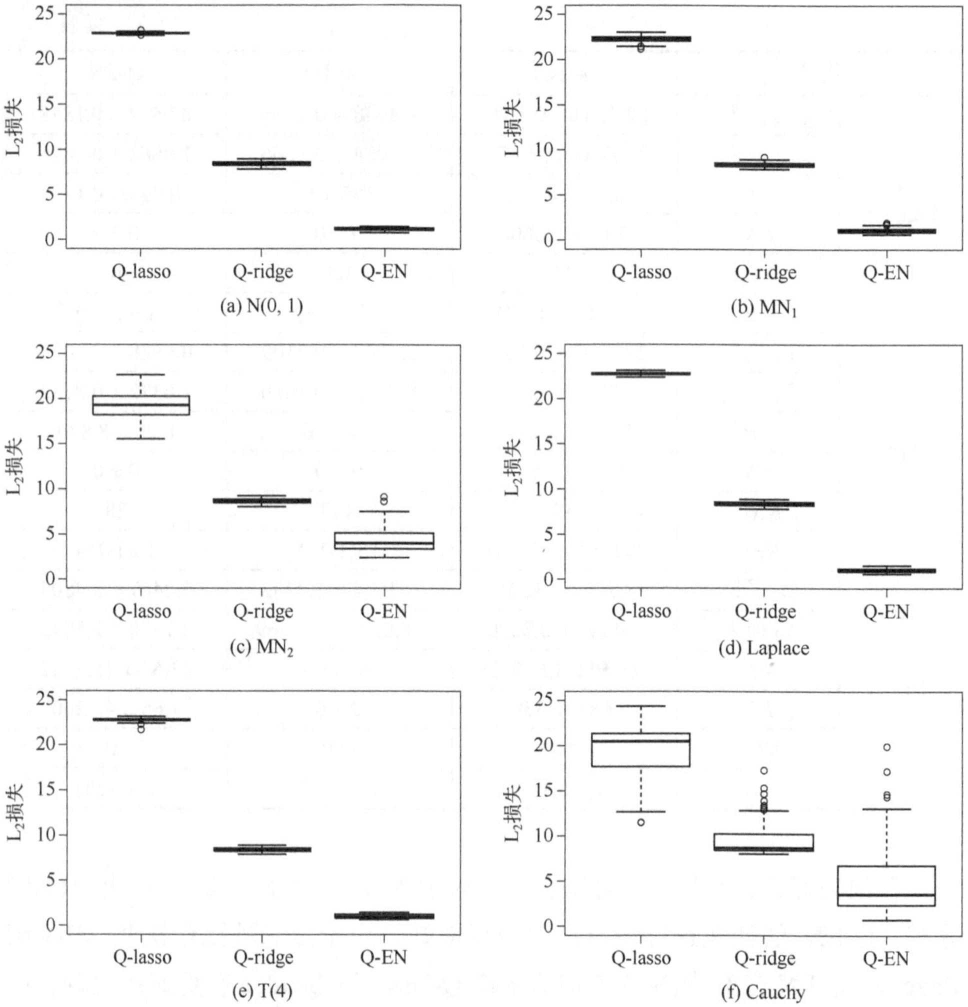

图 4.2　各个估计方法在组变量模型下的 L_2 损失比较

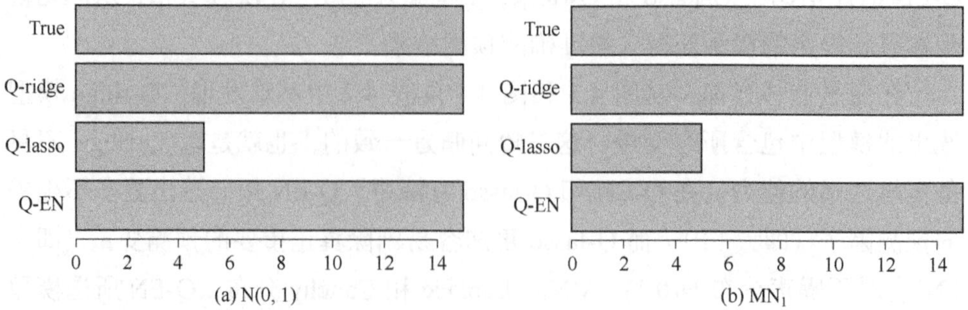

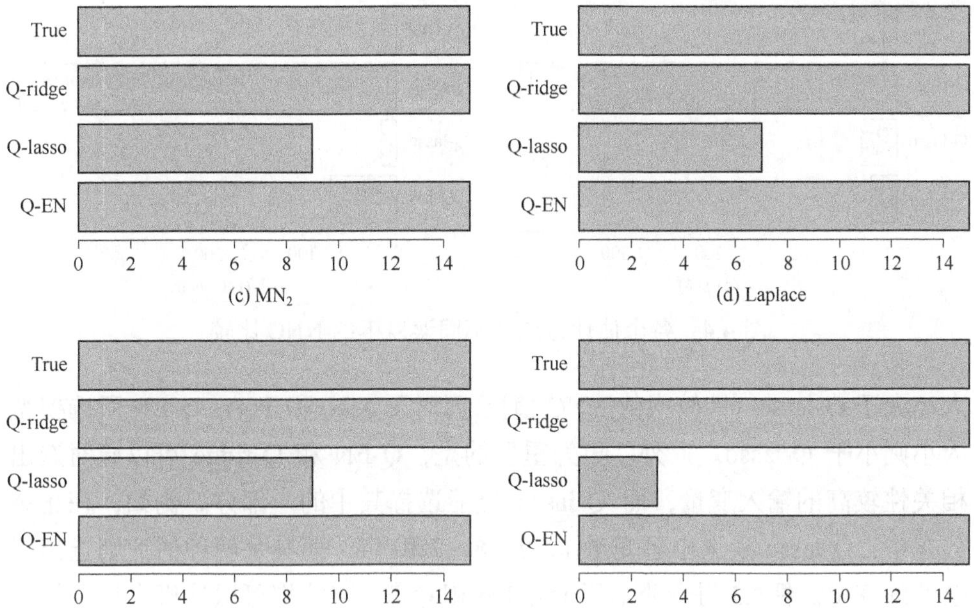

(c) MN_2　(d) Laplace

(e) T(4)　(f) Cauchy

图 4.3　各个估计方法在不同误差下的 NRC 比较

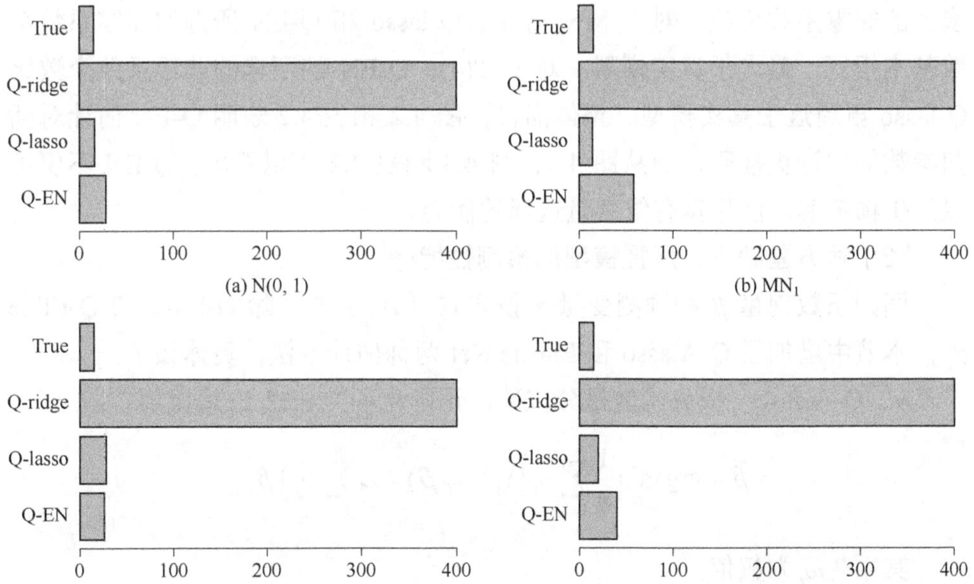

(a) N(0, 1)　(b) MN_1

(c) MN_2　(d) Laplace

图 4.4

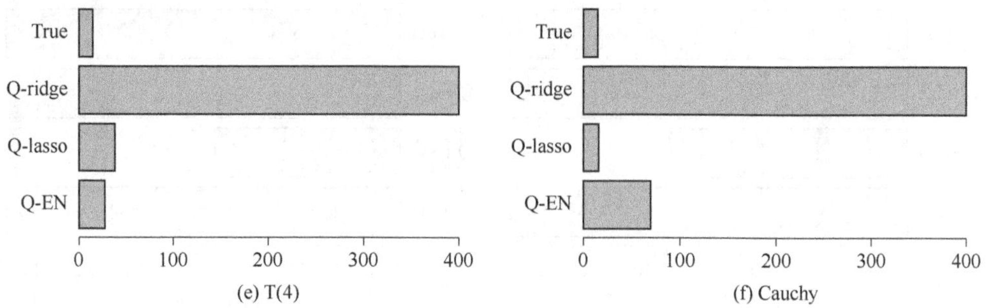

图 4.4　各个估计方法在不同误差下的 NNC 比较

大小大于 Q-lasso（即较大的 NNC 值）；而对于 MN_2 和 T(4)，Q-EN 所选模型大小则小于 Q-lasso。此外，更为重要的是，Q-EN 和 Q-ridge 可以同时选出相关性较高的输入变量，而 Q-lasso 只能选择其中的一部分。例如，在正态分布中，Q-lasso 只选出了变量 1、2、6、7 和 11，而其余两种估计则选出了全部的变量。图 4.3 进一步显示 Q-ridge 和 Q-EN 方法均可以选择出具有相关性的组输入变量。从图 4.4 可以看出，对于噪声分布 N(0,1)、MN_1，Laplace 和 Cauchy 分布，Q-lasso 的稀疏性最强，估计的非零系数个数最接近于真实模型的非零系数个数。对于 MN_2 分布，Q-lasso 和 Q-EN 所选的非零系数个数基本相同，略大于真实模型。对于 T(4)，Q-EN 的所选的非零系数个数比 Q-lasso 更趋近于真实模型。整体而言，图 4.2 和表 4.2 表明 Q-EN 估计对回归参数的估计更准确；而从图 4.3、图 4.4 和表 4.2 可以看出，Q-EN 不仅可以产生稀疏解，而且具有组变量选择的能力。

（3）协方差独立，所提模型的预测性能

回归系数向量 $\boldsymbol{\beta}$ 和预测变量 x 按方式（a）生成。除 Q-lasso 和 Q-ridge 外，本节中增加了 Q-Alasso 和 Elastic Net 两种估计方法，具体如下：

- Q-Alasso：损失函数是分位数，正则化项为加权 L_1 惩罚项

$$\hat{\boldsymbol{\beta}} = \arg\min_{\beta} \frac{1}{n}\sum_{i=1}^{n}\rho_{\tau}(y_i - x_i^{\mathrm{T}}\boldsymbol{\beta}) + \lambda_1\sum_{j=1}^{p}\omega_j\,|\,\boldsymbol{\beta}_j\,|_1$$

其中，ω_j 为权值。

- Elastic Net：损失函数是平方函数，正则化项为 L_1 惩罚项和 L_2 惩罚项的组合，即

$$\hat{\boldsymbol{\beta}} = \arg\min_{\beta} \frac{1}{2n}\sum_{i=1}^{n}(y_i - \boldsymbol{x}_i^{\mathrm{T}}\boldsymbol{\beta})^2 + \lambda_1\sum_{j=1}^{p}|\boldsymbol{\beta}_j|_1 + \lambda_2\sum_{j=1}^{p}|\boldsymbol{\beta}_j|_2^2$$

对于结果的分析，首先比较 Elastic Net 和 Q-EN，由此说明分位数损失相比于平方损失的优势，实验结果见表 4.3。

表 4.3　不同损失在协方差变量独立下的实验结果比较

		Elastic Net	Q-EN
N(0,1)	L_2 损失	18.8272 ± 3.6567	**4.0067** ± 0.4704
	L_1 损失	8.8909 ± 1.6754	**6.2057** ± 0.5067
	FP	**47.43** ± 21.4430	151.46 ± 15.2073
	FN	0.84 ± 0.6922	**0.83** ± 0.8047
MN_1	L_2 损失	17.5323 ± 4.6941	**5.3339** ± 0.5860
	L_1 损失	8.6676 ± 2.2011	**7.5302** ± 0.5176
	FP	**42.26** ± 22.6331	181.79 ± 13.8362
	FN	1.47 ± 0.9040	**0.79** ± 0.7148
MN_2	L_2 损失	13.7654 ± 15.7786	**3.3914** ± 0.0491
	L_1 损失	6.0183 ± 4.0679	**2.9324** ± 0.1134
	FP	10.61 ± 17.5361	**8.06** ± 7.2248
	FN	6.42 ± 0.9340	**6.38** ± 0.8620
Laplace	L_2 损失	21.0538 ± 3.0408	**3.9466** ± 0.5031
	L_1 损失	9.1372 ± 1.2419	**6.1723** ± 0.5232
	FP	**54.64** ± 20.4082	151.08 ± 14.9062
	FN	**0.52** ± 0.5408	0.72 ± 0.6369
T(4)	L_2 损失	19.2134 ± 3.4348	**2.6902** ± 0.1809
	L_1 损失	9.0600 ± 1.5878	**2.7489** ± 0.1662
	FP	50.66 ± 21.5220	**14.76** ± 8.0505
	FN	**0.86** ± 0.6033	2.47 ± 1.0096
Cauchy	L_2 损失	22.3757 ± 39.3041	**6.2843** ± 11.4532
	L_1 损失	6.2912 ± 6.5482	**4.7310** ± 5.6456
	FP	**6.67** ± 14.2184	40.66 ± 89.7581
	FN	6.84 ± 0.5069	**6.29** ± 1.6955

由表 4.3 可得，对于分布 MN_2，Q-EN 在四个评价指标上都优于 Elastic Net。对于 N(0,1)、MN_1 及 Laplace 分布，Q-EN 取得了较小的 L_2 和 L_1 损失值，但 FP 值却远大于 Elastic Net 模型，而二者的 FN 值也近似相同。因此，对于上述两种分布，Q-EN 在一定程度上提高了模型的预测能力，但可解释性较差。对于最后两种分布，相比 Elastic Net，Q-EN 的 L_2 损失值至少降低了 16%，L_1 损失也偏小，且 FP 或 FN 值也较小。

其次比较 Q-EN 与其余的三种估计模型，以此说明不同正则化项的优劣，实验结果汇总在表 4.4。

表 4.4 不同惩罚项在协方差变量独立下的实验结果比较

		Q-lasso	Q-Alasso	Q-ridge	Q-EN
N(0,1)	L_2 损失	26.5878 ± 6.2098	22.8947 ± 4.8147	5.4489 ± 0.3558	**4.0067** ± 0.4704
	L_1 损失	11.9974 ± 1.9384	6.6456 ± 0.8201	9.3055 ± 0.3233	**6.2057** ± 0.5067
	FP	10.78 ± 6.8749	**0.1** ± 0.3333	393 ± 0	151.46 ± 15.2073
	FN	1.35 ± 0.8087	2.18 ± 0.8573	0 ± 0	0.83 ± 0.8047
MN_1	L_2 损失	31.2533 ± 6.9651	23.9602 ± 5.3976	6.3066 ± 0.4470	**5.3339** ± 0.5860
	L_1 损失	14.2894 ± 2.1780	6.8736 ± 0.8704	10.0240 ± 0.3847	**7.5302** ± 0.5176
	FP	81.8 ± 16.3608	**0.54** ± 0.7166	393 ± 0	181.79 ± 13.8362
	FN	1.45 ± 0.8919	2.17 ± 0.8172	0 ± 0	0.79 ± 0.7148
MN_2	L_2 损失	15.2368 ± 9.4302	8.1795 ± 6.6459	8.6624 ± 0.9328	**3.3914** ± 0.0491
	L_1 损失	6.2391 ± 2.4055	3.6705 ± 1.0006	11.6683 ± 0.6917	**2.9324** ± 0.1134
	FP	7.63 ± 5.4950	**0.44** ± 0.7152	393 ± 0	8.06 ± 7.2248
	FN	6.30 ± 0.7850	6.51 ± 0.6741	0 ± 0	6.38 ± 0.8620
Laplace	L_2 损失	25.5978 ± 5.3906	23.4867 ± 4.1081	5.3993 ± 0.3487	**3.9466** ± 0.5031
	L_1 损失	11.3853 ± 1.7714	6.7233 ± 0.6673	9.2345 ± 0.3265	**6.1723** ± 0.5232
	FP	56.98 ± 13.5214	**0.05** ± 0.2190	393 ± 0	151.08 ± 14.9062
	FN	1.26 ± 0.9494	2.33 ± 0.7255	0 ± 0	0.72 ± 0.6369
T(4)	L_2 损失	12.4528 ± 4.7016	18.1513 ± 4.5727	3.3178 ± 0.0825	**2.6902** ± 0.1809
	L_1 损失	5.1386 ± 1.2972	5.6349 ± 0.7801	6.3837 ± 0.2001	**2.7489** ± 0.1662
	FP	4.7 ± 4.4733	**0.02** ± 0.1407	393 ± 0	14.76 ± 8.0505
	FN	3.10 ± 1.0493	3.39 ± 0.7771	0 ± 0	2.47 ± 1.0096

续表

		Q-lasso	Q-Alasso	Q-ridge	Q-EN
Cauchy	L_2 损失	1382.71 ± 3962.881	1653.193 ± 2954.8190	**5.5724** ± 12.2796	6.2843 ± 11.4532
	L_1 损失	82.3735 ± 112.2899	109.967 ± 106.2842	6.2980 ± 4.6998	**4.7310** ± 5.6456
	FP	119.5 ± 107.6030	166.17 ± 126.8959	393 ± 0	**40.66** ± 89.7581
	FN	4.82 ± 2.1991	2.46 ± 2.0813	0 ± 0	6.29 ± 1.6955

由表 4.4 可得，与 Q-ridge, Q-Alasso 和 Q-lasso 模型相比，当误差为 Cauchy 分布时，Q-ridge 估计取得最小的 L_2 损失。除此外，对于其余任何一种误差分布，Q-EN 估计同时取得了最小的 L_2 和 L_1 损失。对于 Cauchy，Q-ridge 的 L_2 损失小于 Q-EN，但显然它不具有变量选择的能力（*FP*=393）；Q-EN 和 Q-Alasso 估计分别取得了最小的 *FP* 和 *FN*，这表明所提出的模型有能力将更为重要的变量选取到模型中，而 Q-Alasso 易将不相关的变量从模型中去除。对于 N(0,1)、MN_1、MN_2、Laplace 和 T(4)分布，Q-Alasso 的 *FP* 最小，即该估计更倾向于选择与输出变量紧密相关的输入变量。另一方面，对于分布 N(0,1)、MN_1 和 Laplace 分布，Q-EN 在 *FN* 上表现得比 Q-lasso 和 Q-Alasso 好得多，这说明 Q-EN 倾向于从输入变量中剔除大量不相关的预测变量。对于 MN_2 分布，Q-EN 的 *FN* 值与 Q-lasso 几乎相同。

图 4.5 给出了各个方法的 L_2 损失箱线图。显然，Q-ridge 和 Q-EN 两种估计的平均 L_2 损失值明显小于其他估计方法。且除 Cauchy 分布外，Q-EN 估计所得值基本不存在离群点，分布非常集中。对于 Cauchy 分布，Q-lasso 和

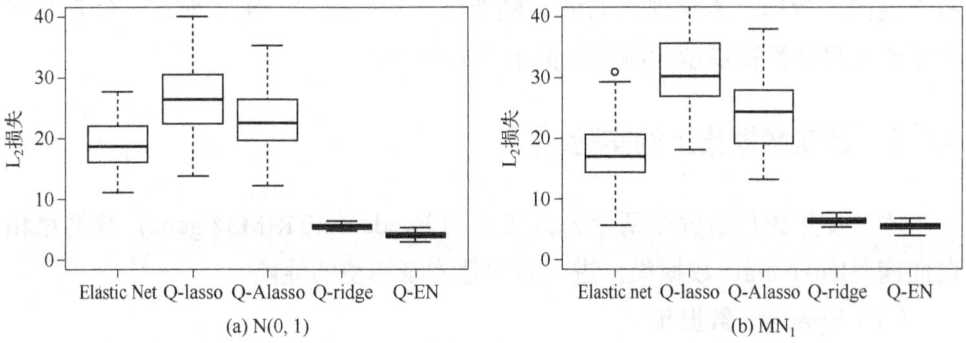

图 4.5

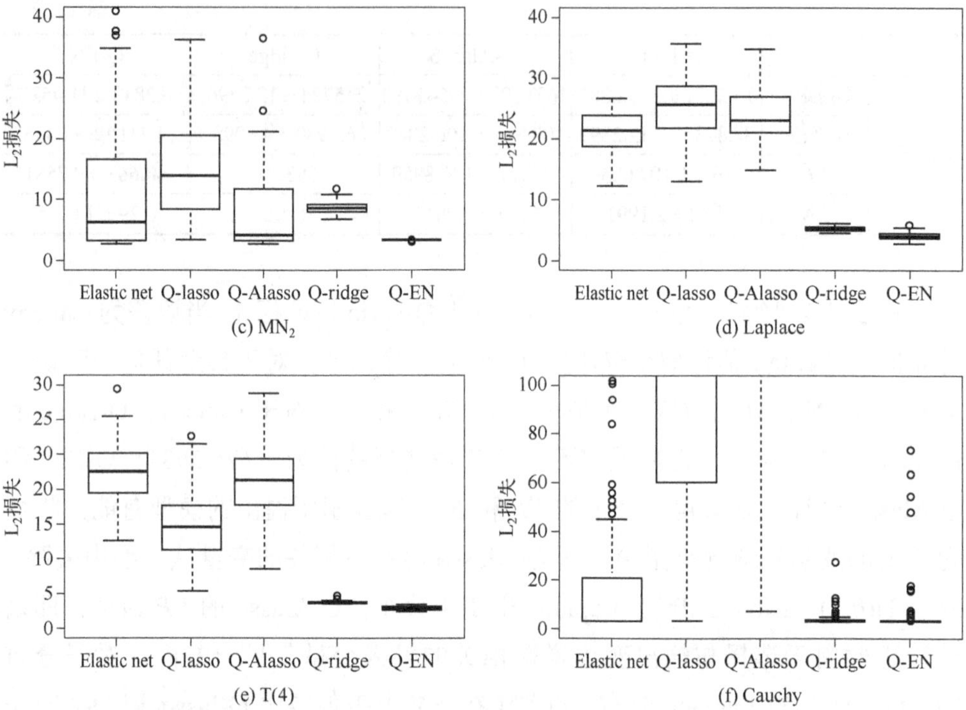

图 4.5　各个估计在协方差变量独立下的 L_2 损失比较

Q-Alasso 两种估计所得 L_2 损失值已明显大于其他三种估计。而 Elastic Net 估计虽然 L_2 损失值有所减小，分布也相对比较集中，但也远大于 Q-ridge 和 Q-EN 估计。与 Q-ridge 估计相比，虽然 Q-EN 估计存在一定的异常点，但二者所得 L_2 损失值几乎相同，且 Q-ridge 估计并不具备变量选择的能力。综合考虑这四个指标，本章提出的估计模型优于其他模型。整体而言，Q-EN 估计是模型复杂性和模型预测性之间的良好折中。

4.3.2　真实数据集上的实验

本节使用遗传研究中两个公开可用的 Eyedata（TRIM32 gene）数据集和白血病（leukemia）数据集，进一步评估本章模型的性能。

（1）Eyedata 数据集

该数据集包括 120 只 12 周龄实验室大鼠的 31042 个探针的基因表达水

平，在所有的探针中，有一个探针与 TRIM32 基因相对应，被发现与 Bardet-Biedl 综合征相关。Bardet-Biedl 综合征是一种人类遗传疾病，影响包括视网膜在内的身体的许多器官。因此，找出与 TRIM32 基因表达相关的基因是非常必要的。本研究将直接运用从 R 软件中获取的预处理后的数据，显然数据样本个数为 120，处理后的数据集包含 100 个探针，即数据维数为 100。该研究目标是从这 100 个探针中找到与 TRIM32 相关的探针。

在实验过程中，我们从 120 个样本中随机选取 60 个和 50 个分别作为训练样本和测试样本。首先在含有 60 个样本的训练集上对数据进行拟合，其次将拟合结果用于测试集上来测试模型的好坏。评价指标包括 MSE、MAE 和 NSG 三个，其中 NSG 是指被选出的基因个数（number of selected genes）。

前两个指标用来衡量模型的预测能力，最后一个用来判断模型的变量选择能力。将实验重复 100 次，取其均值作为判断标准。实验结果如表 4.5 所示。

表 4.5　Eyedata 数据集实验结果

项目	Elastic Net	Q-lasso	Q-Alasso	Q-ridge	Q-EN
MSE(±sd)	0.7294(0.4193)	0.7698(0.4686)	0.8417(0.5199)	0.7491(0.4595)	**0.6767**(0.4334)
MAE(±sd)	3.7520(0.5935)	3.7963(0.7467)	4.0874(0.8978)	3.8034(0.6332)	**3.6685**(0.6908)
NSG(±sd)	24.69(10.9264)	13.14(8.9341)	16.62(3.7867)	100(0)	23.88(9.9841)

由表 4.5 可知，Elastic Net、Q-lasso、Q-Alasso、Q-ridge 和 Q-EN 的均方误差分别为 0.7294、0.7698、0.8417、0.7491 和 0.6767。显然，Q-EN 估计模型的均方误差远小于其他四种方法。在所有估计模型中，Q-EN 的 MAE 最小。与 Q-ridge、Q-Alasso、Q-lasso 和 Elastic Net 相比，Q-EN 的 MAE 分别提高了 20%，40%，20%和 10%左右。因此，Q-EN 模型在预测精度方面优于其他模型。Elastic Net、Q-lasso、Q-ridge 和 Q-EN 的非零系数个数值分别为 24.69、13.14、16.62、100 和 23.88。正如预期的那样，Q-lasso 选择的预测因子比其他的少得多，Q-ridge 不具备变量选择的能力，而 Elastic Net 与 Q-EN 在变量选择上基本一致。结果证明了本章估计模型的有效性和实用性。

（2）白血病数据集（leukemia data set）

白血病数据集中包含 7129 个基因和 72 个样本，其输出样本包括两种类型的白血病，属于二分类问题。在分析中，将使用 R 件免费提供的预处理数据，预处理后的数据集包括 72 个样本和 41 个基因。实验中选取 34 个样本作为训练集，剩下的 38 个样本作为测试集。我们的目标是基于这 40 个基因来预测白血病的类型。因此，为了将简单的线性回归模型用于分类问题，首先将 y 赋值为 0 和 1，分别代表两种类型的白血病，并选用指数函数 $I(A)$作为分类函数来判断输出变量的类别。此外，本实验中用错分误差率 MER（misclassification error rate）和被选出的基因个数 NSG 作为评价指标。

同上，将实验重复 100 次，取其平均值，实验结果如表 4.6 所示。

表 4.6 leukemia 数据集实验结果

项目	Elastic Net	Q-lasso	Q-Alasso	Q-ridge	Q-EN
MER(±sd)	0.6316(2.4011)	0.6221(2.2974)	**0.6024**(6.4837)	0.6579(2.0869)	0.6053(2.2518)
NSG(±sd)	14.80(3.8006)	13.02(5.0532)	2.20(4.7567)	39.94(0.3712)	13.95(3.2016)

从表 4.6 可以看出，Q-EN 选择的错分类基因数量与 Q-Alasso 几乎相同，少于 Elastic Net、Q-lasso 和 Q-ridge。而 Q-ridge 估计的误分类基因数最大。此外，表 4.6 显示 Q-Alasso 估计选择的基因数量远远少于其他方法，而 Q-ridge 则选出了所有的基因。从而也说明 Q-Alasso 对系数施加了更大的惩罚，使更多的回归系数被估为零。另一方面，Q-ridge 罚则不能进行变量选择，因此它选择了所有的基因。Q-EN 选择的基因数为 13.95 个，介于估计模型 Elastic Net 和 Q-lasso 之间。同时，这三种模型选择的基因数量是相似的。因此，本实验结果进一步验证了 Q-EN 估计模型的有效性及实用性。

第5章

基于因变量相关的Lasso回归模型

前面章节主要研究了线性模型的稳健估计方法，下面将围绕广义线性模型的稳健性展开讨论。本章主要考虑将样本邻近信息加入到回归模型中，通过构建合理的模型来提高模型的稳健性。首先对其研究背景及意义做详细的介绍；其次通过网络结构图构建加入邻近信息的回归模型，给出相应的回归参数估计方法，进一步从理论上给出并证明所提模型的估计误差界；最后通过实验分析验证所提模型的正确性。

5.1 因变量相关性问题

前面章节研究了线性回归的稳健正则化估计方法。在线性回归模型中，通常假设样本之间是独立的，具体可以理解为输出变量之间是互不干涉互不影响的。事实上，在很多实际应用中，这样的假设太过严苛。例如，在房屋价格预测中，经验观察到的现象表明房屋之间的价格是互相影响的。换句话说，在对给定的一所房子进行价格预测时，除了考虑其本身的特征（如楼层，面积，交通等）外，该房屋附近房子的价格也是值得参考的重要因素之一。

网络的出现为将样本之间的这种邻近信息更好地融入到回归模型中提供了极大的帮助。一个网络通常由很多顶点和连接这些点的边组成，其中顶点表示个体（如房屋价格），边表示顶点之间存在的某种关系。近年来，随着各种科学技术的蓬勃发展，各类事物间的联系和相互作用发生了从量到质的变化，从而一方面使得人们收集到的数据呈现网络结构特点，如通信网络（如电话网络或互联网）、交通网络（如铁路网络或航空公司航线）及能源网络（如天然气网络）等，另一方面也将网络分析问题的研究再次引入大众眼中，使得网络数据分析成为机器学习、计算机科学、生物信息等领域的研究热点。

应用领域不同，研究者关注的问题和目标不同，从而对应的网络分析问题也不同。如 Cabreros 和 Tsirigos 研究了 Hi-C 基因组数据中的群体结构问题，Brian 和 Mark 等对网络社区检测方法展开了研究，Abbe 考虑了随机环境下的群体检测问题，郭骁研究了大规模的网络结构估计问题。另一方面，在社会科学中，特别是在经济学中，输入变量与输出变量和网络结构之间的因果推理也引起了学者们强烈的研究兴趣。他们的研究表明，引入数据间存在的网络结构信息对变量之间的因果推断具有十分大的帮助，但与此同时也带来了极大的挑战。事实上，相比于因果推断问题，我们可能更关注于模型的预测问题。因此本章主要聚焦于如何利用数据间的网络结构信息来构建合理的回归模型，以进一步提高模型的预测能力。

5.2　Network Lasso 估计及其性质

本节主要详细介绍所提回归模型，并给出估计的误差界证明。首先给出如下符号说明：

（a）n 个样本观察值$(y_1,\boldsymbol{x}_1),\cdots,(y_n,\boldsymbol{x}_n)$，其中 $y_i \in \boldsymbol{R}$ 是因变量或响应变量，$\boldsymbol{x}_i \in \boldsymbol{R}^p$ 是第 i 个观察值的 p 维自变量或预测变量。记 $\boldsymbol{Y} = (y_1,y_2,\cdots,y_n)^{\mathrm{T}}$ 为响应向量，$\boldsymbol{X} = (\boldsymbol{x}_1,\boldsymbol{x}_2,\cdots,\boldsymbol{x}_n)^{\mathrm{T}}$ 是 $n \times p$ 设计矩阵。

（b）记网络连接图为 $G = (V,E)$，其中 $V=\{1,2,\cdots,n\}$为网络图中顶点的集合，$E \subset V \times V$ 为边的集合，每一条边代表点与点之间的连接。

（c）记矩阵 $\boldsymbol{A} \in \boldsymbol{R}^{n \times n}$ 为图 G 的邻接矩阵，如果$(v,u) \in E$，则 $\boldsymbol{A}_{vu} = 1$；否则 $\boldsymbol{A}_{vu} = 0$。

5.2.1　模型的构建

不同于传统的线性回归模型

$$y_i = \boldsymbol{x}_i'\boldsymbol{\beta} + \epsilon_i, i = 1,2,\cdots,n$$

本节中，假设 n 个样本通过网络 $G = (V,E)$ 连接，每个顶点代表每个因变量，每条边代表因变量两两之间的联系。为进一步提高模型预测的准确性，在拟合过程中，不仅考虑每个样本的自变量对其因变量的影响，同时加入样本邻近信息，具体构建模型如下：

$$y_i = \boldsymbol{x}_i^{\mathrm{T}}\boldsymbol{\beta} + \frac{1}{n_i}\sum_{j \in M} \alpha_j y_j + \epsilon_i, i = 1,2,\cdots,n$$

其中，y_i 代表第 i 个因变量；x_i 代表第 i 自变量；ϵ_i 为模型误差；$\boldsymbol{\beta} \in \boldsymbol{R}^p$ 为对应的 p 维待估回归系数；n_i 表示与第 i 个因变量相连的邻近样本个数；

y_j（$j \in M$）为相连的因变量；$M = \{Ve_i\}$为相邻因变量的集合；显然 $n_i = |M|$。α_j为邻近因变量影响系数。本节中假设第 $i(i = 1,\cdots,n)$个因变量的所有邻近因变量对其有相同的影响 α，因此，模型如下：

$$y_i = \boldsymbol{x}_i^{\mathrm{T}}\boldsymbol{\beta} + \frac{\alpha}{n_i}\sum_{j \in M} y_j + \epsilon_i, i = 1,2,\cdots,n \tag{5.1}$$

为估计回归参数 β，本节考虑如下正则化估计：

$$\min_{\beta} \frac{1}{2n}\sum_{i=1}^{n}\left[y_i - \left(\boldsymbol{x}_i'\boldsymbol{\beta} + \frac{\alpha}{n_i}\sum_{j \in M} y_j\right)\right]^2 + \lambda \|\boldsymbol{\beta}\|_1$$

将式（5.1）重新整理如下：

$$\boldsymbol{Y} = \boldsymbol{X\beta} + \boldsymbol{AY}\alpha + \boldsymbol{\epsilon}$$

其中，$\boldsymbol{A}$ 是包含网络结构信息的邻接矩阵；$\boldsymbol{\epsilon} = (\epsilon_1,\epsilon_2,\cdots,\epsilon_n)$是误差向量，且满足$\epsilon_i \sim_{i.i.d} N(0,\sigma^2), i = 1,2,\cdots,n$。

相应地，回归系数 $\boldsymbol{\beta}$ 估计如下：

$$\min_{\beta} \frac{1}{2n} \|\boldsymbol{Y} - \boldsymbol{AY}\alpha - \boldsymbol{X\beta}\|_2^2 + \lambda \|\boldsymbol{\beta}\|_1 \tag{5.2}$$

将式（5.2）称为基于网络结构信息的 Lasso 估计模型，简称为 Network Lasso 估计。对于式（5.2）的求解，同样采用 ASS 算法，具体如下。

首先，固定 $\boldsymbol{\beta}$，估计 α 如下：

$$\alpha = \arg\min \frac{1}{2n} \|\boldsymbol{Y} - \boldsymbol{AY}\alpha - \boldsymbol{X\beta}\|_2^2$$

解得

$$\hat{\alpha} = \frac{(\boldsymbol{AY})^T}{\|\boldsymbol{AY}\|_2^2}(\boldsymbol{Y} - \boldsymbol{X\beta}) \tag{5.3}$$

其次，固定 α，估计 $\boldsymbol{\beta}$ 如下：

$$\boldsymbol{\beta} = \arg\min \frac{1}{2n} \|(\boldsymbol{Y} - \boldsymbol{AY}\alpha) - \boldsymbol{X\beta}\|_2^2 + \lambda \|\boldsymbol{\beta}\|_1 \tag{5.4}$$

式（5.4）即为 Lasso，可调用 R 语言程序包直接求解。综上有

算法 5.1　Network Lasso 求解算法

输入：

数据 $\{(\boldsymbol{x}_i, y_i)\}_{i=1}^{n}$；

正则化参数 λ；迭代误差 ε。

输出：

回归系数 $\hat{\boldsymbol{\beta}}$。

方法：

初始化：给定初始值 $\boldsymbol{\beta}_0$。

repeat

根据公式（5.3）更新 α^k；

根据公式（5.4）更新 $\boldsymbol{\beta}^k$。

until 满足 $\| \hat{\boldsymbol{\beta}}^k - \hat{\boldsymbol{\beta}}^{k-1} \|_2 \leqslant \varepsilon$。

5.2.2　误差界估计

本节给出 Network Lasso 和 Lasso 两种估计的估计误差界。为便于分析，本节考虑邻近节点影响系数 α 已知的情况，并将其记为 α^0。因此，只需估计回归系数 $\boldsymbol{\beta}$。记 Network Lasso 和 Lasso 估计分别如下：

$$\hat{\boldsymbol{\beta}} = \arg\min_{\beta} \frac{1}{2n} \| \boldsymbol{Y} - \boldsymbol{A}\boldsymbol{Y}\alpha^0 - \boldsymbol{X}\boldsymbol{\beta} \|_2^2 + \lambda \| \boldsymbol{\beta} \|_1$$

$$\hat{\boldsymbol{\beta}}^{lasso} = \arg\min_{\beta} \frac{1}{2n} \| \boldsymbol{Y} - \boldsymbol{X}\boldsymbol{\beta} \|_2^2 + \lambda_{\text{lasso}} \| \boldsymbol{\beta} \|_1$$

正如大多数高维问题一样，为保证模型的可识别性和可解释性，通常假设真实的回归系数 $\boldsymbol{\beta}^0$ 是稀疏的，即只有一小部分回归系数是非零的。本节中，假设非零系数个数为 s，记 $S = \{j : \beta_j^0 \neq 0, 1 \leqslant j \leqslant p\}$，则 $s=|S|$，进一步，记 $\boldsymbol{\beta} = (\boldsymbol{\beta}_S, \boldsymbol{\beta}_{S^c})$。

为证明估计的一致性，给出如下限制特征值条件：

（A）给定 p 维向量 $\boldsymbol{u}$，如果有

$$\inf\left\{\frac{\boldsymbol{u}^{\mathrm{T}}\left(\frac{\boldsymbol{X}^{\mathrm{T}}\boldsymbol{X}}{n}\right)\boldsymbol{u}}{\boldsymbol{u}^{\mathrm{T}}\boldsymbol{u}}:3\|\boldsymbol{u}_S\|_1\geqslant\|\boldsymbol{u}_{S^c}\|_1\right\}\geqslant v>0$$

则称设计矩阵 $\boldsymbol{X}$ 关于参数 $v>0$ 满足限制特征值条件。

定理 5.1 假设条件（A）成立，且数据标准化，即 $\|\boldsymbol{X}_j\|_2^2=n$，令

$$\lambda_0=2\sigma\sqrt{\frac{\lg p}{n}}$$

则当 $\lambda\geqslant 2\lambda_0$，下式

$$\|\hat{\boldsymbol{\beta}}-\boldsymbol{\beta}^0\|_2\leqslant\frac{3\lambda\sqrt{s}}{v}$$

至少以概率 $1-\dfrac{2}{p}$ 成立。

进一步，当 $\lambda_{\text{lasso}}\geqslant 2(\|(\alpha^0\boldsymbol{AY})^{\mathrm{T}}\boldsymbol{X}\|_\infty+\lambda_0)$，则

$$\|\hat{\boldsymbol{\beta}}^{\text{lasso}}-\boldsymbol{\beta}^0\|_2\leqslant\frac{3\lambda_{\text{lasso}}\sqrt{s}}{v}$$

至少以概率 $1-\dfrac{2}{p}$ 成立。

证明： 下面分别给出如上两个估计界的证明。

Ⅰ：关于 $\hat{\boldsymbol{\beta}}$ 的估计界证明。

根据定义，有

$$\frac{1}{2n}\|\boldsymbol{Y}-\boldsymbol{X}\hat{\boldsymbol{\beta}}-\alpha^0\boldsymbol{AY}\|_2^2+\lambda\|\hat{\boldsymbol{\beta}}\|_1\leqslant\frac{1}{2n}\|\boldsymbol{Y}-\boldsymbol{X}\boldsymbol{\beta}^0-\alpha^0\boldsymbol{AY}\|_2^2+\lambda\|\boldsymbol{\beta}^0\|_1$$

又
$$\boldsymbol{Y}=\boldsymbol{X}\boldsymbol{\beta}^0+\boldsymbol{AY}\alpha^0+\boldsymbol{\epsilon}$$

所以可推得

$$\frac{1}{2n}\|\boldsymbol{X}\hat{\boldsymbol{\beta}}-\boldsymbol{X}\boldsymbol{\beta}^0\|_2^2+\lambda\|\hat{\boldsymbol{\beta}}\|_1\leqslant\frac{1}{n}|\boldsymbol{\epsilon}^{\mathrm{T}}\boldsymbol{X}(\hat{\boldsymbol{\beta}}-\boldsymbol{\beta}^0)|+\lambda\|\boldsymbol{\beta}^0\|_1 \tag{5.5}$$

式（5.5）和 Lasso（即 $A=0$）的展开式完全相同。对于任意两个向量 $\boldsymbol{a}$ 和 $\boldsymbol{b}$ 有 $|\boldsymbol{a}^{\mathrm{T}}\boldsymbol{b}|\leqslant\|\boldsymbol{a}\|_\infty\|\boldsymbol{b}\|_1$，因此，进一步由式（5.5）可得

$$\frac{1}{2n}\|\boldsymbol{X}\hat{\boldsymbol{\beta}}-\boldsymbol{X}\boldsymbol{\beta}^0\|_2^2+\lambda\|\hat{\boldsymbol{\beta}}\|_1\leqslant\frac{1}{n}\|\boldsymbol{\epsilon}^{\mathrm{T}}\boldsymbol{X}\|_\infty\|\hat{\boldsymbol{\beta}}-\boldsymbol{\beta}^0\|_1+\lambda\|\boldsymbol{\beta}^0\|_1$$

又 $\boldsymbol{\epsilon}^{\mathrm{T}}\boldsymbol{X}_j \sim N(0,\sigma^2\|\boldsymbol{X}_j\|_2^2), \|\boldsymbol{X}_j\|_2^2=n$，且对于服从标准高斯分布的随机变量 z 和任意的非负数 t，有

$$P(|z|>t)\leqslant 2\exp\left(-\frac{t^2}{2}\right)$$

所以可推得

$$P\left(\frac{1}{n}\|\boldsymbol{\epsilon}^{\mathrm{T}}\boldsymbol{X}\|_\infty \geqslant \lambda_0\right)\leqslant \frac{2}{p}$$

其中 $\lambda_0=2\sigma\sqrt{\frac{\lg p}{n}}$。因此当 $\lambda\geqslant 2\lambda_0$ 时，下式

$$\frac{1}{2n}\|\boldsymbol{X}\hat{\boldsymbol{\beta}}-\boldsymbol{X}\boldsymbol{\beta}^0\|_2^2+\lambda\|\hat{\boldsymbol{\beta}}\|_1\leqslant \frac{\lambda}{2}\|\hat{\boldsymbol{\beta}}-\boldsymbol{\beta}^0\|_1+\lambda\|\boldsymbol{\beta}^0\|_1$$

至少以概率 $1-\frac{2}{p}$ 成立。

又

$$\|\hat{\boldsymbol{\beta}}_1\|=\|\hat{\boldsymbol{\beta}}_S\|_1+\|\hat{\boldsymbol{\beta}}_{S^c}\|_1\geqslant\|\boldsymbol{\beta}_S^0\|_1-\|\hat{\boldsymbol{\beta}}_S-\boldsymbol{\beta}_S^0\|_1+\|\hat{\boldsymbol{\beta}}_{S^c}\|_1$$

且

$$\|\hat{\boldsymbol{\beta}}-\boldsymbol{\beta}^0\|_1=\|\hat{\boldsymbol{\beta}}_S-\boldsymbol{\beta}_S^0\|_1+\|\hat{\boldsymbol{\beta}}_{S^c}-\boldsymbol{\beta}_{S^c}^0\|_1$$

所以有

$$\begin{aligned}&\frac{1}{2n}\|\boldsymbol{X}\hat{\boldsymbol{\beta}}-\boldsymbol{X}\boldsymbol{\beta}^0\|_2^2+\lambda(\|\boldsymbol{\beta}_S^0\|_1-\|\hat{\boldsymbol{\beta}}_S-\boldsymbol{\beta}_S^0\|_1+\|\hat{\boldsymbol{\beta}}_{S^c}\|_1)\\&\leqslant\frac{\lambda}{2}(\|\hat{\boldsymbol{\beta}}_S-\boldsymbol{\beta}_S^0\|_1+\|\hat{\boldsymbol{\beta}}_{S^c}-\boldsymbol{\beta}_{S^c}^0\|_1)+\lambda\|\boldsymbol{\beta}^0\|_1\end{aligned}\tag{5.6}$$

式（5.6）进一步可简化为

$$\frac{1}{2n}\|\boldsymbol{X}\hat{\boldsymbol{\beta}}-\boldsymbol{X}\boldsymbol{\beta}^0\|_2^2+\frac{\lambda}{2}\|\hat{\boldsymbol{\beta}}_{S^c}\|_1\leqslant\frac{3\lambda}{2}\|\hat{\boldsymbol{\beta}}_S-\boldsymbol{\beta}_S^0\|_1\tag{5.7}$$

由式（5.7），一方面有

$$\|\hat{\boldsymbol{\beta}}_{S^c}\|_1\leqslant 3\|\hat{\boldsymbol{\beta}}_S-\boldsymbol{\beta}_S^0\|_1,\text{即}\|\hat{\boldsymbol{\beta}}_{S^c}-\boldsymbol{\beta}_{S^c}^0\|_1\leqslant 3\|\hat{\boldsymbol{\beta}}_S-\boldsymbol{\beta}_S^0\|_1\tag{5.8}$$

从而有

$$\|\hat{\boldsymbol{\beta}}-\boldsymbol{\beta}^0\|_1\leqslant 4\|\hat{\boldsymbol{\beta}}_S-\boldsymbol{\beta}_S^0\|_1\leqslant 4\sqrt{s}\|\hat{\boldsymbol{\beta}}_S-\boldsymbol{\beta}_S^0\|_2\leqslant 4\sqrt{s}\|\hat{\boldsymbol{\beta}}-\boldsymbol{\beta}^0\|_2$$

另一方面

$$\frac{1}{n}\|\boldsymbol{X}\hat{\boldsymbol{\beta}}-\boldsymbol{X}\boldsymbol{\beta}^0\|_2^2\leqslant 3\lambda\|\hat{\boldsymbol{\beta}}_S-\boldsymbol{\beta}_S^0\|_1\leqslant 3\lambda\sqrt{s}\|\hat{\boldsymbol{\beta}}-\boldsymbol{\beta}^0\|_2 \tag{5.9}$$

此外

$$\begin{aligned}\frac{1}{n}\|\boldsymbol{X}\hat{\boldsymbol{\beta}}-\boldsymbol{X}\boldsymbol{\beta}^0\|_2^2&=\frac{1}{n}\|\boldsymbol{X}(\hat{\boldsymbol{\beta}}-\boldsymbol{\beta}^0)\|_2^2\\&=\frac{1}{n}(\hat{\boldsymbol{\beta}}-\boldsymbol{\beta}^0)^{\mathrm{T}}\boldsymbol{X}^{\mathrm{T}}\boldsymbol{X}(\hat{\boldsymbol{\beta}}-\boldsymbol{\beta}^0)\\&=(\hat{\boldsymbol{\beta}}-\boldsymbol{\beta}^0)^{\mathrm{T}}\frac{\boldsymbol{X}^{\mathrm{T}}\boldsymbol{X}}{n}(\hat{\boldsymbol{\beta}}-\boldsymbol{\beta}^0)\end{aligned}$$

结合式（5.8）和假设（A），有

$$\inf\left\{\frac{(\hat{\boldsymbol{\beta}}-\boldsymbol{\beta}^0)^{\mathrm{T}}\dfrac{\boldsymbol{X}^{\mathrm{T}}\boldsymbol{X}}{n}(\hat{\boldsymbol{\beta}}-\boldsymbol{\beta}^0)}{(\hat{\boldsymbol{\beta}}-\boldsymbol{\beta}^0)^{\mathrm{T}}(\hat{\boldsymbol{\beta}}-\boldsymbol{\beta}^0)}:3\|\hat{\boldsymbol{\beta}}_S-\boldsymbol{\beta}_S^0\|\geqslant\|\hat{\boldsymbol{\beta}}_{S^c}-\boldsymbol{\beta}_{S^c}^0\|\right\}\geqslant\nu$$

因此

$$\frac{1}{n}\|\boldsymbol{X}\hat{\boldsymbol{\beta}}-\boldsymbol{X}\boldsymbol{\beta}^0\|_2^2\geqslant\nu\|\hat{\boldsymbol{\beta}}-\boldsymbol{\beta}^0\|_2^2 \tag{5.10}$$

由式（5.9）及式（5.10），可得

$$\|\hat{\boldsymbol{\beta}}-\boldsymbol{\beta}^0\|_2\leqslant\frac{3\lambda\sqrt{s}}{\nu}$$

以大于等于$1-\dfrac{2}{p}$的概率成立。

Ⅱ：关于 Lasso 估计 $\hat{\beta}^{\text{lasso}}$ 的估计界证明。

同理，根据定义有

$$\frac{1}{2n}\|\boldsymbol{Y}-\boldsymbol{X}\hat{\boldsymbol{\beta}}^{\text{lasso}}\|_2^2+\lambda_{\text{lasso}}\|\hat{\boldsymbol{\beta}}^{\text{lasso}}\|_1\leqslant\frac{1}{2n}\|\boldsymbol{Y}-\boldsymbol{X}\boldsymbol{\beta}^0\|_2^2+\lambda_{\text{lasso}}\|\boldsymbol{\beta}^0\|_1$$

又
$$\boldsymbol{Y}=\boldsymbol{X}\boldsymbol{\beta}^0+\boldsymbol{A}\boldsymbol{Y}\alpha^0+\boldsymbol{\epsilon}$$

所以有

$$\frac{1}{2n}\|\boldsymbol{X}\boldsymbol{\beta}^0+\boldsymbol{A}\boldsymbol{Y}\alpha^0+\boldsymbol{\epsilon}-\boldsymbol{X}\hat{\boldsymbol{\beta}}^{\text{lasso}}\|_2^2+\lambda_{\text{lasso}}\|\hat{\boldsymbol{\beta}}^{\text{lasso}}\|_1\leqslant\frac{1}{2n}\|\boldsymbol{A}\boldsymbol{Y}\alpha^0+\boldsymbol{\epsilon}\|_2^2+\lambda\|\boldsymbol{\beta}^0\|_1$$

进一步有

$$\begin{aligned}&\frac{1}{2n}\|\boldsymbol{X}\boldsymbol{\beta}^0-\boldsymbol{X}\hat{\boldsymbol{\beta}}^{\text{lasso}}\|_2^2+\lambda_{\text{lasso}}\|\hat{\boldsymbol{\beta}}^{\text{lasso}}\|_1\\&\leqslant\frac{1}{n}\|(\boldsymbol{A}\boldsymbol{Y}\alpha^0+\boldsymbol{\epsilon})^{\mathrm{T}}\boldsymbol{X}\|_\infty\|\hat{\boldsymbol{\beta}}^{\text{lasso}}-\boldsymbol{\beta}_0\|_1+\lambda_{\text{lasso}}\|\boldsymbol{\beta}_0\|_1\end{aligned}$$

有不等式

$$\|(\boldsymbol{A}\boldsymbol{Y}\alpha^0+\boldsymbol{\epsilon})^{\mathrm{T}}\boldsymbol{X}\|_\infty\leqslant\|\boldsymbol{A}\boldsymbol{Y}\alpha^0\boldsymbol{X}\|_\infty+\lambda_0$$

以大于$1-\dfrac{2}{p}$的概率成立，其中$\lambda_0=2\sigma\sqrt{\dfrac{\lg p}{n}}$。

同理，如果

$$\lambda_{\text{lasso}}\geqslant\frac{2}{n}[\|(\alpha^0\boldsymbol{A}\boldsymbol{Y})^{\mathrm{T}}\boldsymbol{X}\|_\infty+\lambda_0]$$

则

$$\|\hat{\boldsymbol{\beta}}^{\text{lasso}}-\boldsymbol{\beta}^0\|_2\leqslant\frac{3\lambda_{\text{lasso}}\sqrt{s}}{v}$$

以大于等于$1-\dfrac{2}{p}$的概率成立。

下面来估计$\|(\boldsymbol{A}\boldsymbol{Y})^{\mathrm{T}}\boldsymbol{X}\|_\infty$。根据基本不等式，有

$$\begin{aligned}\|(\boldsymbol{A}\boldsymbol{Y})^{\mathrm{T}}\boldsymbol{X}\|_\infty&=\max_j|(\boldsymbol{A}\boldsymbol{Y})^{\mathrm{T}}\boldsymbol{X}_j|\leqslant\max_j\|\boldsymbol{A}\boldsymbol{Y}\|_2\|\boldsymbol{X}_j\|_2=\sqrt{n}\|\boldsymbol{A}\boldsymbol{Y}\|_2\\&\leqslant\sqrt{n}\sqrt{\sigma_{\max(\boldsymbol{A}^{\mathrm{T}}\boldsymbol{A})}}\|\boldsymbol{Y}\|_2\end{aligned}$$

其中，$\sigma_{\max}(\cdot)$代表矩阵的最大特征值。

又

$$\boldsymbol{Y}=\boldsymbol{X}\boldsymbol{\beta}^0+\boldsymbol{A}\boldsymbol{Y}\alpha^0+\boldsymbol{\epsilon},\boldsymbol{\epsilon}\sim N_n(0,\sigma^2\boldsymbol{I})$$

其中，n 是样本个数，因此可推得

$$\boldsymbol{Y}=(\boldsymbol{I}-\alpha^0\boldsymbol{A})^{-1}\boldsymbol{X}\boldsymbol{\beta}^0+(\boldsymbol{I}-\alpha^0\boldsymbol{A})^{-1}\boldsymbol{\epsilon}$$

所以进一步可得

$$\boldsymbol{Y}\sim N_n[(\boldsymbol{I}-\alpha^0\boldsymbol{A})^{-1}\boldsymbol{X}\boldsymbol{\beta}^0,\sigma^2(\boldsymbol{I}-\alpha^0\boldsymbol{A})^{-2}]$$

则

$$\boldsymbol{Y}-(\boldsymbol{I}-\alpha^0\boldsymbol{A})^{-1}\boldsymbol{X}\boldsymbol{\beta}^0\sim N_n[0,\sigma^2(\boldsymbol{I}-\alpha^0\boldsymbol{A})^{-2}]$$

及

$$\frac{(\boldsymbol{I}-\alpha^0\boldsymbol{A})\boldsymbol{Y}}{\sigma}-\frac{\boldsymbol{X}\boldsymbol{\beta}^0}{\sigma}\sim N_n(0,\boldsymbol{I})$$

所以有

$$\left\|\frac{(\boldsymbol{I}-\alpha^0\boldsymbol{A})\boldsymbol{Y}}{\sigma}-\frac{\boldsymbol{X}\boldsymbol{\beta}^0}{\sigma}\right\|_2^2\sim\boldsymbol{\mathcal{X}}_n^2$$

其中，$\boldsymbol{\mathcal{X}}_n^2$ 代表自由度为 n 的卡方分布。通过切诺夫界（Chernoff bound）有

$$P(\boldsymbol{\mathcal{X}}_n^2\geqslant tn)\leqslant\exp\left[-\frac{n}{2}(t-\lg t-1)\right]$$

对任意大于 0 的 t 成立。因此

$$\left\|\frac{(\boldsymbol{I}-\alpha^0\boldsymbol{A})\boldsymbol{Y}}{\sigma}-\frac{\boldsymbol{X}\boldsymbol{\beta}^0}{\sigma}\right\|_2^2\leqslant tn$$

以大于$1-\exp\left[-\frac{n}{2}(t-\lg t-1)\right]$的概率成立。

由三角不等式，有

$$\left\|\frac{(\boldsymbol{I}-\alpha^0\boldsymbol{A})\boldsymbol{Y}}{\sigma}\right\|_2^2\leqslant\frac{\|\boldsymbol{X}\boldsymbol{\beta}^0\|_2^2}{\sigma^2}+tn \tag{5.11}$$

根据矩阵最小特征值的定义，可得

$$\left\| \frac{(\boldsymbol{I}-\alpha^0\boldsymbol{A})\boldsymbol{Y}}{\sigma} \right\|_2^2 \geqslant \frac{\|\boldsymbol{Y}\|_2^2}{\sigma^2}\sigma_{\min}[(\boldsymbol{I}-\alpha^0\boldsymbol{A})^{\mathrm{T}}(\boldsymbol{I}-\alpha^0\boldsymbol{A})] \tag{5.12}$$

其中，$\sigma_{\min}(\cdot)$代表矩阵的最小特征值（适当选择 α^0，可保证 $\boldsymbol{I}-\alpha^0\boldsymbol{A}$ 的可逆性）。

结合式（5.11）和式（5.12），有

$$\|\boldsymbol{Y}\|_2 \leqslant \sqrt{\frac{\|\boldsymbol{X\beta}^0\|_2^2 + tn\sigma^2}{\sigma_{\min}((\boldsymbol{I}-\alpha^0\boldsymbol{A})^{\mathrm{T}}(\boldsymbol{I}-\alpha^0\boldsymbol{A}))}} \tag{5.13}$$

取 $t=\dfrac{2\lg p}{n}$，则式（5.13）以大于$1-\dfrac{1}{p}\left(\dfrac{2\mathrm{e}\lg p}{n}\right)^{n/2}$的概率成立，进一步随着 p 和 n 增大，如 $p=O_p(e^{n^\kappa})(0<\kappa<1)$，则上述收敛率趋于 1。当

$$\lambda_{\text{lasso}} \geqslant 2(\|(\alpha^0\boldsymbol{AY})^{\mathrm{T}}\boldsymbol{X}\|_\infty + \lambda_0)$$

不等式

$$\|\hat{\boldsymbol{\beta}}^{\text{lasso}} - \boldsymbol{\beta}^0\|_2 \leqslant \frac{3\lambda_{\text{lasso}}\sqrt{s}}{\nu}$$

以大于等于$1-\dfrac{2}{p}$的概率成立。因此，

$$\|\hat{\boldsymbol{\beta}}^{\text{lasso}} - \boldsymbol{\beta}^0\|_2 \leqslant 6\left[\alpha^0\sqrt{n\sigma_{\max}(\boldsymbol{A}^{\mathrm{T}}\boldsymbol{A})\left\{\frac{\|\boldsymbol{X\beta}^0\|_2^2+(2\lg p)\sigma^2}{\sigma_{\min}[(\boldsymbol{I}-\alpha^0\boldsymbol{A})^{\mathrm{T}}(\boldsymbol{I}-\alpha^0\boldsymbol{A})]}\right\}} + 2\sigma\sqrt{\frac{\lg p}{n}}\right]\frac{\sqrt{s}}{\nu}$$

以大于等于$1-\dfrac{1}{p}\left(\dfrac{2\mathrm{e}\lg p}{n}\right)^{n/2}-\dfrac{2}{p}$，即趋于 1 的概率成立。

在上述内容中，我们在 Oracle 信息，即邻近系数 α 已知的情况下，详细给出了本节所提估计和 Lasso 估计的误差界。之所以首先考虑 Oracle 信息，是为了确保假设条件（A）对于两个估计是相同的。下面给出一般的误差界估计，即 α 未知的情况下，本节所提估计的误差界。首先给出类似的限制特征值假设条件，其次在此基础之上，给出估计的误差界。

（B）限制特征值条件如下：

$$\liminf_{n\to\infty}\left\{\frac{\boldsymbol{u}^{\mathrm{T}}\left\{\boldsymbol{X}^{\mathrm{T}}\left[I-\frac{\boldsymbol{AY}(\boldsymbol{AY})^{\mathrm{T}}}{\|\boldsymbol{AY}\|_2^2}\right]\boldsymbol{X}\right\}\boldsymbol{u}}{n\boldsymbol{u}^{\mathrm{T}}}\boldsymbol{u}:3\|\boldsymbol{u}_S\|_1+o_p(1)\geqslant\|\boldsymbol{u}_{S^c}\|_1\right\}\geqslant\nu>0$$

注释 5.1 对于任意向量 $\boldsymbol{u}$，有

$$\begin{aligned}\boldsymbol{u}^{\mathrm{T}}\left\{\boldsymbol{X}^{\mathrm{T}}\left[\boldsymbol{I}-\frac{\boldsymbol{AY}(\boldsymbol{AY})^{\mathrm{T}}}{\|\boldsymbol{AY}\|_2^2}\right]\boldsymbol{X}\right\}\boldsymbol{u}&=(\boldsymbol{Xu})^{\mathrm{T}}\left[\boldsymbol{I}-\frac{\boldsymbol{AY}(\boldsymbol{AY})^{\mathrm{T}}}{\|\boldsymbol{AY}\|_2^2}\right]\boldsymbol{Xu}\\&\leqslant(\boldsymbol{Xu})^{\mathrm{T}}\boldsymbol{Xu}=\boldsymbol{u}^{\mathrm{T}}\boldsymbol{X}^{\mathrm{T}}\boldsymbol{Xu}\end{aligned}$$

其中，$I-\dfrac{AY(AY)^{\mathrm{T}}}{\|AY\|_2^2}$是特征值为 1（$n-1$ 个）和 0（1 个）的幂等矩阵。显然条件（B）明显强于条件（A）。

定理 5.2 假设条件（B）成立，数据标准化使得$\|\boldsymbol{X}_j\|_2^2=n$。令

$$\lambda_0=2\sigma\sqrt{\frac{\lg p}{n}}$$

则当 $\lambda\geqslant 2\lambda_0$，对于足够大的 n，有

$$\|\hat{\boldsymbol{\beta}}-\boldsymbol{\beta}^0\|_2=O_p\left(\frac{\lambda\sqrt{s}}{\nu}\right)$$

以大于等于$1-\dfrac{2}{p}-\dfrac{\mathrm{e}^{\frac{n}{2}}\left(\frac{2\lg p}{n}\right)^{\frac{n}{2}}}{p}$的概率成立。

证明：根据定义，有

$$\frac{1}{2n}\|\boldsymbol{Y}-\boldsymbol{X}\hat{\boldsymbol{\beta}}-\hat{\alpha}\boldsymbol{AY}\|_2^2+\lambda\|\hat{\boldsymbol{\beta}}\|_1\leqslant\frac{1}{2n}\|\boldsymbol{Y}-\boldsymbol{X}\boldsymbol{\beta}^0-\alpha^0\boldsymbol{AY}\|_2^2+\lambda\|\beta^0\|_1$$

又 $\boldsymbol{Y}=\boldsymbol{X}\boldsymbol{\beta}^0+\boldsymbol{AY}\alpha^0+\boldsymbol{\epsilon}$，可进一步得

$$\frac{1}{2n}\|\boldsymbol{X}\boldsymbol{\beta}^0+\alpha^0\boldsymbol{AY}-\boldsymbol{X}\hat{\boldsymbol{\beta}}-\hat{\alpha}\boldsymbol{AY}+\boldsymbol{\epsilon}\|_2^2+\lambda\|\hat{\boldsymbol{\beta}}\|_1\leqslant\frac{1}{2n}\|\boldsymbol{\epsilon}\|_2^2+\lambda\|\boldsymbol{\beta}^0\|_1\quad(5.14)$$

式（5.14）等价于

$$\frac{1}{2n}\|X\beta^0+\alpha^0AY-X\hat{\beta}-\hat{\alpha}AY\|_2^2+\frac{1}{n}\epsilon^{\mathrm{T}}(X\beta^0+\alpha^0AY-X\hat{\beta}-\hat{\alpha}AY)+ \\ \lambda\|\hat{\beta}\|_1\leqslant\lambda\|\beta^0\|_1 \tag{5.15}$$

又可推得 $\hat{\alpha}=[(AY)^{\mathrm{T}}AY]^{-1}(AY)^{\mathrm{T}}(Y-X\hat{\beta})$，且有

$$X\beta^0+\alpha^0AY-X\hat{\beta}-\hat{\alpha}AY=\left[I-\frac{AY(AY)^{\mathrm{T}}}{\|AY\|_2^2}\right]X(\beta^0-\hat{\beta})-\frac{AY(AY)^{\mathrm{T}}}{\|AY\|_2^2}\epsilon$$

因此，式（5.15）可简化为

$$\frac{1}{2n}\|(I-C)X(\beta^0-\hat{\beta})\|_2^2+\lambda\|\hat{\beta}\|_1\leqslant\frac{1}{2n}\epsilon^{\mathrm{T}}C\epsilon+ \\ \frac{1}{n}\|\epsilon^{\mathrm{T}}(I-C)X\|_\infty\|\beta^0-\hat{\beta}\|_1+\lambda\|\beta^0\|_1 \tag{5.16}$$

为方便使用，令 $C=\frac{AY(AY)^{\mathrm{T}}}{\|AY\|_2^2}$。又 C 和 $I-C$ 的特征值是 0 或 1，结合高斯变量的性质，由式（5.16）可推得

$$\frac{1}{2n}\|(I-C)X(\beta^0-\hat{\beta})\|_2^2+\lambda\|\hat{\beta}\|_1 \\ \leqslant\frac{1}{2n}\|\epsilon\|_2^2+\frac{1}{n}\lambda_0\|\beta^0-\hat{\beta}\|_1+\lambda\|\beta^0\|_1 \tag{5.17}$$

以至少 $1-\frac{2}{p}$ 的概率成立，其中 $\lambda_0=2\sigma\sqrt{\frac{\lg p}{n}}$。

与标准的 Lasso 不同，式（5.17）中的右边含有额外项 $\frac{1}{2n}\|\epsilon\|_2^2$，因此，首先给出 $\frac{1}{2n}\|\epsilon\|_2^2$ 的估计界。不难发现

$$\frac{\|\epsilon\|_2^2}{\sigma^2}\sim\boldsymbol{\mathcal{X}}_n^2$$

其中，$\boldsymbol{\mathcal{X}}_n^2$ 为自由度为 n 的卡方分布。因此根据切诺夫界，有

$$P(\boldsymbol{\mathcal{X}}_n^2\geqslant tn)\leqslant\exp\left[-\frac{n}{2}(t-\lg t-1)\right]$$

对任意大于 0 的 t 成立。

因此，取$t=\frac{2\lg p}{n}$，则有

$$\frac{1}{2n}\|\epsilon\|_2^2\leqslant\sigma^2\frac{\lg p}{n}$$

以大于等于$1-\frac{\mathrm{e}^{\frac{n}{2}}\left(\frac{2\lg p}{n}\right)^{\frac{n}{2}}}{p}$的概率成立，当 p 随 n 呈指数级增长时，上述概率趋于 1。

所以，下式

$$\frac{1}{2n}\|(\boldsymbol{I}-\boldsymbol{C})\boldsymbol{X}(\boldsymbol{\beta}^0-\hat{\boldsymbol{\beta}})\|_2^2+\lambda\|\hat{\boldsymbol{\beta}}\|_1\leqslant O_p\left(\frac{\lg p}{n}\right)+\frac{1}{n}\lambda_0\|\boldsymbol{\beta}^0-\hat{\boldsymbol{\beta}}\|_1+\lambda\|\boldsymbol{\beta}^0\|_1$$

以趋于 1 的概率成立。

同理标准 Lasso，当 $\lambda\geqslant 2\lambda_0$ 时，有

$$\frac{1}{2n}\|(\boldsymbol{I}-\boldsymbol{C})\boldsymbol{X}(\boldsymbol{\beta}^0-\hat{\boldsymbol{\beta}})\|_2^2+\frac{\lambda}{2}\|\hat{\boldsymbol{\beta}}_{S^c}\|_1\leqslant O_p\left(\frac{\lg p}{n}\right)+\frac{3\lambda}{2}\|\hat{\boldsymbol{\beta}}_S-\boldsymbol{\beta}_S^0\|_1 \tag{5.18}$$

由式（5.18），一方面可推得

$$\|\hat{\boldsymbol{\beta}}_{S^c}\|_1\leqslant 3\|\hat{\boldsymbol{\beta}}_S-\boldsymbol{\beta}_S^0\|_1+O_p\left(\frac{\lg p}{n}\right)\text{，即}\|\hat{\boldsymbol{\beta}}_{S^c}-\boldsymbol{\beta}_{S^c}^0\|_1\leqslant 3\|\hat{\boldsymbol{\beta}}_S-\boldsymbol{\beta}_S^0\|_1+O_p\left(\frac{\lg p}{n}\right)$$

从而有

$$\begin{aligned}\|\hat{\boldsymbol{\beta}}-\boldsymbol{\beta}^0\|_1&\leqslant 4\|\hat{\boldsymbol{\beta}}_S-\boldsymbol{\beta}_S^0\|_1+O_p\left(\frac{\lg p}{n}\right)\leqslant 4\sqrt{s}\|\hat{\boldsymbol{\beta}}_S-\boldsymbol{\beta}_S^0\|_2+O_p\left(\frac{\lg p}{n}\right)\\&\leqslant 4\sqrt{s}\|\hat{\boldsymbol{\beta}}-\boldsymbol{\beta}^0\|_2+O_p\left(\frac{\lg p}{n}\right)\end{aligned}$$

另一方面有

$$\begin{aligned}\frac{1}{n}\|(\boldsymbol{I}-\boldsymbol{C})(\boldsymbol{X}\hat{\boldsymbol{\beta}}-\boldsymbol{X}\boldsymbol{\beta}^0)\|_2^2&\leqslant 3\lambda\|\hat{\boldsymbol{\beta}}_S-\boldsymbol{\beta}_S^0\|_1+O_p\left(\frac{\lg p}{n}\right)\\&\leqslant 3\lambda\sqrt{s}\|\hat{\boldsymbol{\beta}}-\boldsymbol{\beta}^0\|_2+O_p\left(\frac{\lg p}{n}\right)\end{aligned} \tag{5.19}$$

进一步根据限制特征值假设条件（B），对于足够大的 n，有

$$\frac{1}{n}\|(\boldsymbol{I}-\boldsymbol{C})(\boldsymbol{X}\hat{\boldsymbol{\beta}}-\boldsymbol{X}\boldsymbol{\beta}^0)\|_2^2 \geqslant \frac{\nu}{2}\|\hat{\boldsymbol{\beta}}-\boldsymbol{\beta}^0\|_2^2 \tag{5.20}$$

结合式（5.19）和式（5.20），可推得

$$\frac{\nu}{2}\|\hat{\boldsymbol{\beta}}-\boldsymbol{\beta}^0\|_2 - 3\lambda\sqrt{s}\|\hat{\boldsymbol{\beta}}-\boldsymbol{\beta}^0\|_2^2 - O_p\left(\frac{\lg p}{n}\right) \leqslant 0 \tag{5.21}$$

式（5.21）的左边可看作是关于 $\|\hat{\boldsymbol{\beta}}-\boldsymbol{\beta}^0\|_2$ 的二次函数，因此其值介于最小值和最大值之间，即易得

$$\|\hat{\boldsymbol{\beta}}-\boldsymbol{\beta}^0\|_2 \leqslant \frac{3\lambda\sqrt{s}+\sqrt{9\lambda^2 s + O_p\left(\frac{\lg p}{n}\right)}}{\nu}$$

综上，当 $\lambda \geqslant 2\lambda_0 = 2\sigma\sqrt{\frac{\lg_p}{n}}$，可推得

$$\|\hat{\boldsymbol{\beta}}-\boldsymbol{\beta}^0\|_2 = O_p\left(\frac{\lambda\sqrt{s}}{\nu}\right)$$

以大于等于 $1-\frac{2}{p}-\frac{\mathrm{e}^{\frac{n}{2}}\left(\frac{2\lg p}{n}\right)^{\frac{n}{2}}}{p}$ 的概率成立。

注释 5.2　由定理 5.2 可得，本节所提估计能够取得 Lasso 估计相同的误差界。

5.3　实验结果与分析

本节通过人工数据集和真实数据集上的实验来验证所研究模型的有效性。

5.3.1　人工数据集上的实验

为了尽可能准确地融合样本邻近信息，本节考虑三种最常用的网络结构

图，分别为无标度网络（scale-free network）、Hub 网络和 Erdös-Renyi 网络，具体结构形式可见图 5.1。

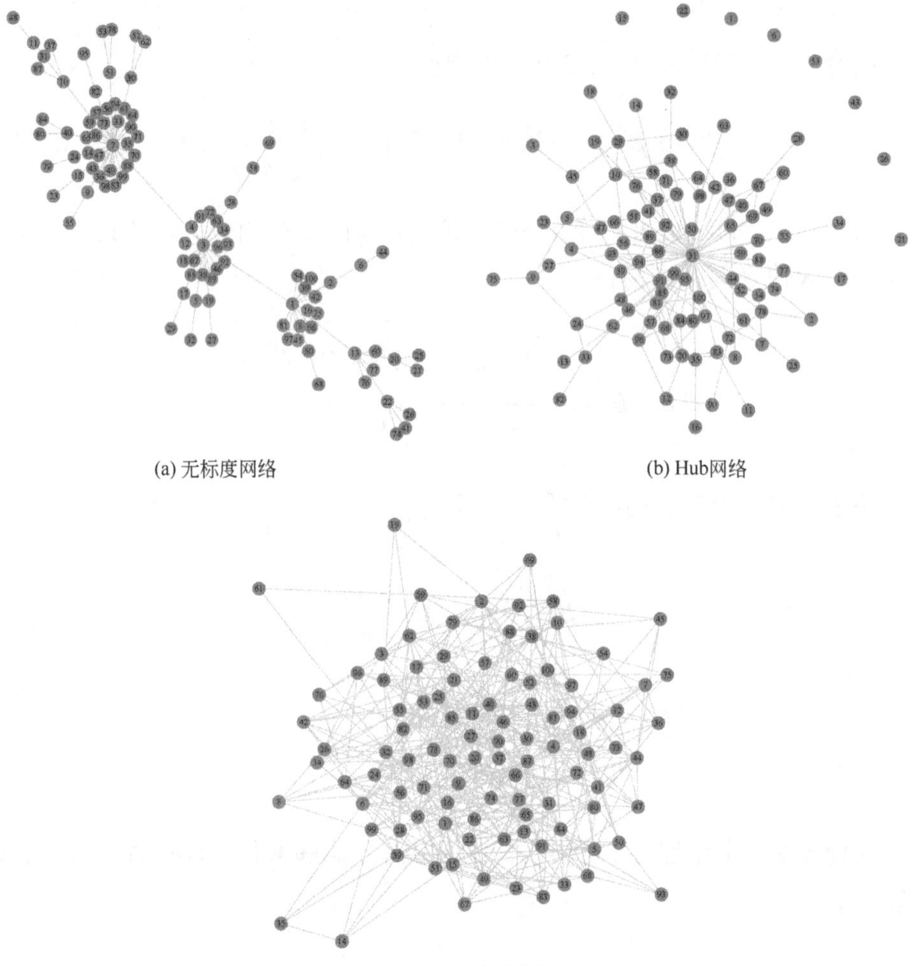

(a) 无标度网络　　(b) Hub网络

(c) Erdös-Renyi网络

图 5.1　样本量 $n=100$ 的三种网络图

实验中样本个数和自变量维数分别设置为 $n=100$ 和 $p=50$、100、150。模型误差ϵ_i来源于标准正态分布 $N(0,1)$。自变量 $\boldsymbol{x}_i$ 服从多维正态分布 $N(0,\Sigma)$，其中 $\Sigma=(\sigma_{ij}),\sigma_{ij}=0.5^{|i-j|}$。对于回归系数 $\boldsymbol{\beta}$，考虑如下两种生成方式：

（a）$\boldsymbol{\beta}=(0.5,1,0.8,0.2,0.3,\underbrace{0.5,\cdots,0.5}_{(20)},\underbrace{0,\cdots,0}_{p-25})$。

（b） $\boldsymbol{\beta}=[U(0,2,20),\underbrace{0,\cdots,0}_{p-20}]$ 。

在此基础上，因变量 $\boldsymbol{Y}$ 生成如下：

$$\boldsymbol{Y}=\boldsymbol{X\beta}+\boldsymbol{AY}\alpha+\boldsymbol{\epsilon}$$

其中，$\alpha=2$。

为合理地评价 Network Lasso 估计的有效性，选用 L_2 损失和 ROC 曲线作为评价指标，并与 Lasso 进行比较。实验过程中，每条曲线都经过 M 次重复。

（1）回归模型参数 $\boldsymbol{\beta}$ 固定时，两种估计的实验结果

$\boldsymbol{\beta}$ 按方式（a）生成，曲线拟合次数 $M=5$，相应的实验结果和分析总结如下。

图 5.2、图 5.3 和图 5.4 分别给出了无标度网络、Hub 网络和 Erdös-Renyi 网络在变量维数 p = 50、100、150 下的 ROC 曲线图。正如所预期的，无论是哪种网络或变量维数如何，本节所提出的模型均优于 Lasso 估计模型。特别地，在无标度网络中，当 $p=150$ 时，两种估计模型之间的差异最大；$p=100$ 时，二者之间差异最小。对于 Hub 网络，当 p = 150 时，两种估计之间的差异同样是最大的。由此可知，对于这两种网络，自变量维数越高，Network Lasso 估计优势越明显。而在 Erdös-Renyi 网络中，随着 p 的变化，两种估计之间的差异基本相同，即 Lasso 和 Network Lasso 两种估计受自变量维数 p 的影响并不是很大。整体而言，Network Lasso 估计要远远优于 Lasso 估计。

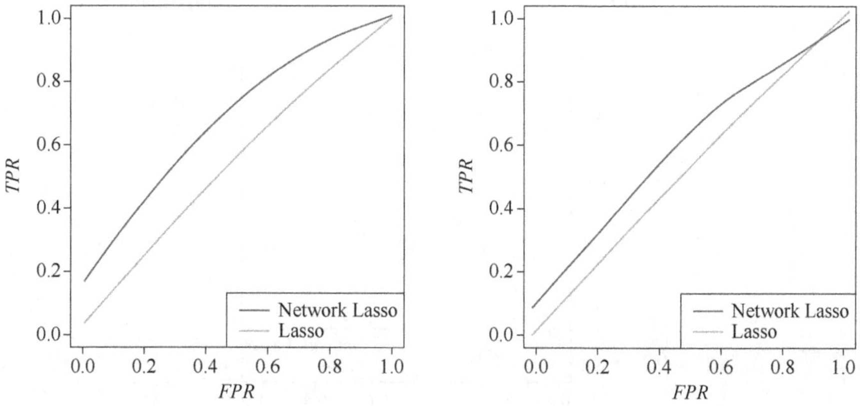

(a) p=50　　(b) p=100

图 5.2

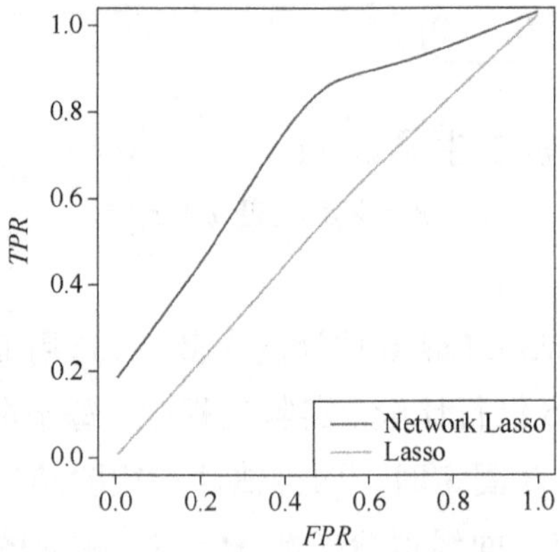

(c) p=150

图 5.2　两种估计在无标度网络图上的 ROC 曲线图

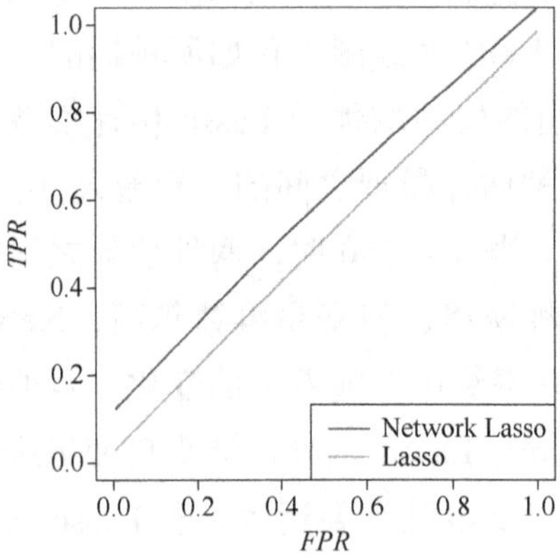

(a) p=50

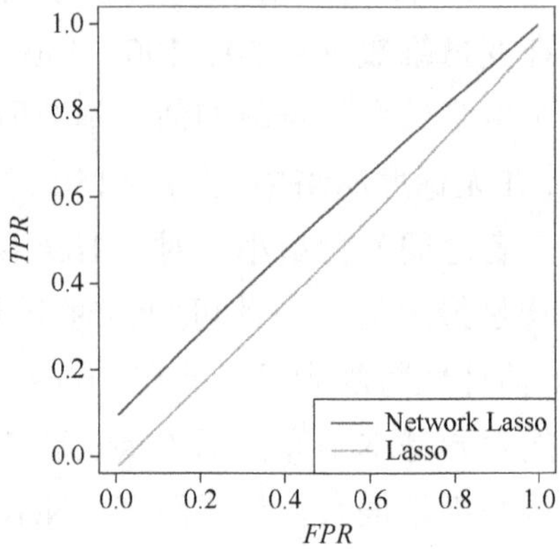

(b) p=100

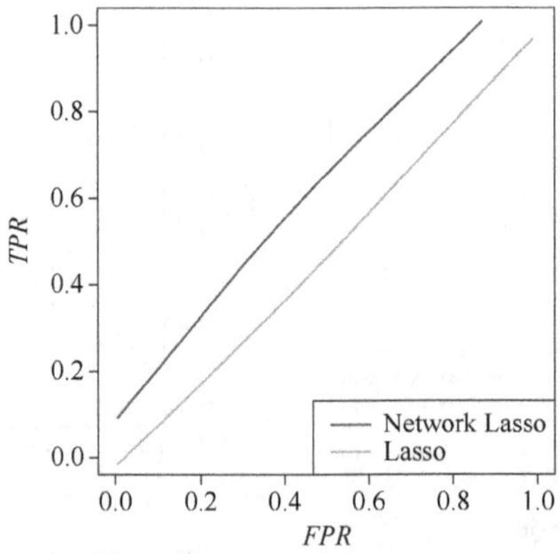

(c) p=150

图 5.3　两种估计在 Hub 网络图上的 ROC 曲线图

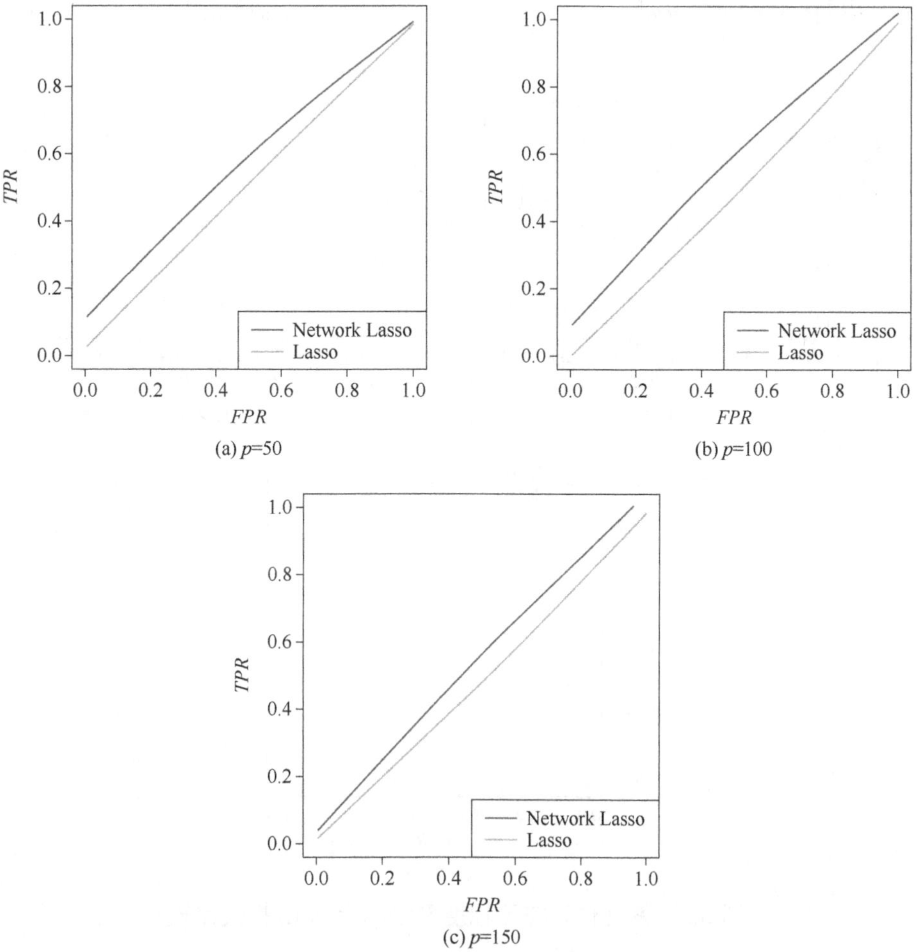

(a) p=50　(b) p=100　(c) p=150

图 5.4　两种估计在 Erdös-Renyi 网络图上的 ROC 曲线图

从图 5.5 可以看出，对于无标度网络，随着 p 的增加，Network Lasso 估计的 L_2 损失几乎是不变的；而 Lasso 的 L_2 损失先增大后减小。当 $p = 50$ 时，取得最小值，此时其值仍大于 Network Lasso。对于 Hub 网络，图 5.6 中显示 Network Lasso 的 L_2 损失随 p 的增加基本保持不变；而 Lasso 的 L_2 损失同样先增大后减小，但其值远远大于 Network Lasso。对于 Erdös-Renyi 网络，从图 5.7 中可得，当 $p = 50$ 和 $p = 100$ 时，不仅两种估计之间的结果差异几乎相同，而且每种估计在两种情况下的取值也基本都相同；而当 $p = 100$ 时，Network Lasso 远优于 Lasso，前者所得 L_2 损失远远小于后者。综上，一方

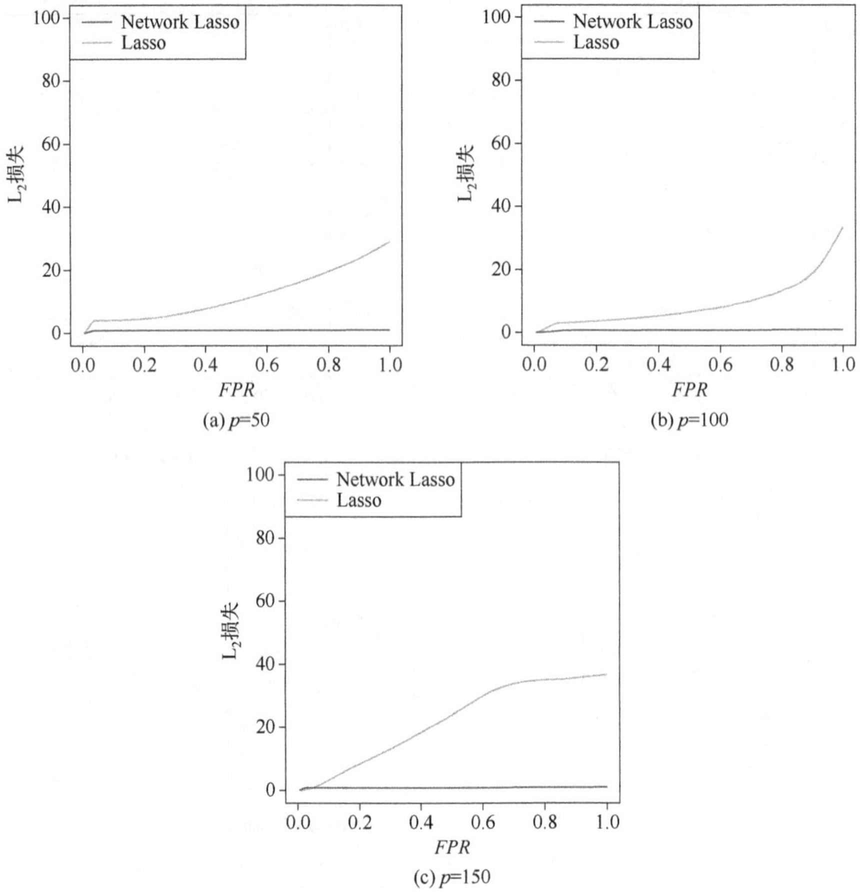

图 5.5　两种估计在无标度网络图上的 L_2 损失比较

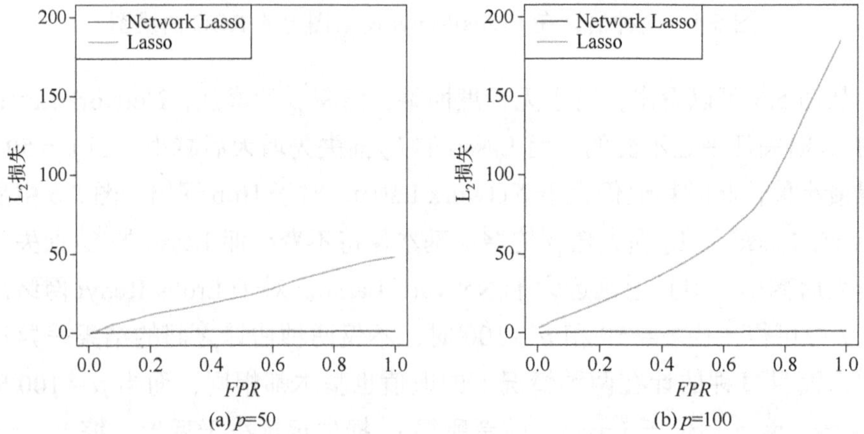

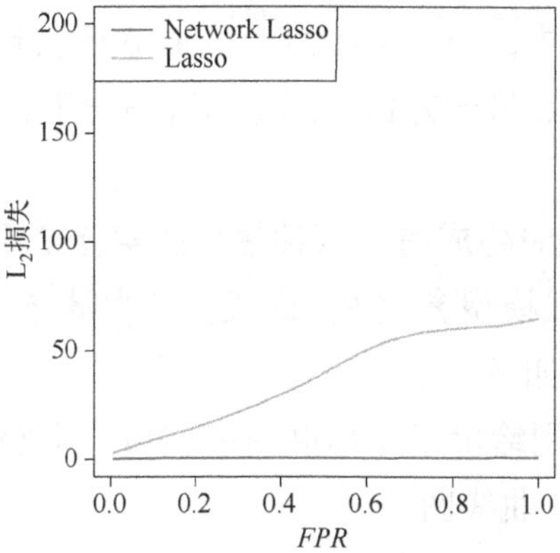

(c) p=150

图 5.6　两种估计在 Hub 网络图上的 L_2 损失比较

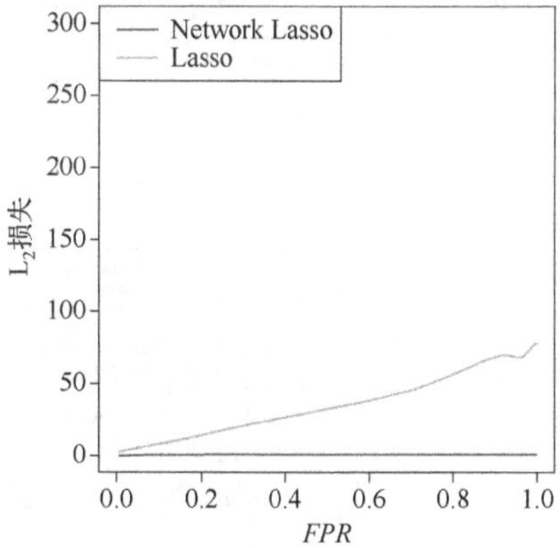

(a) p=50

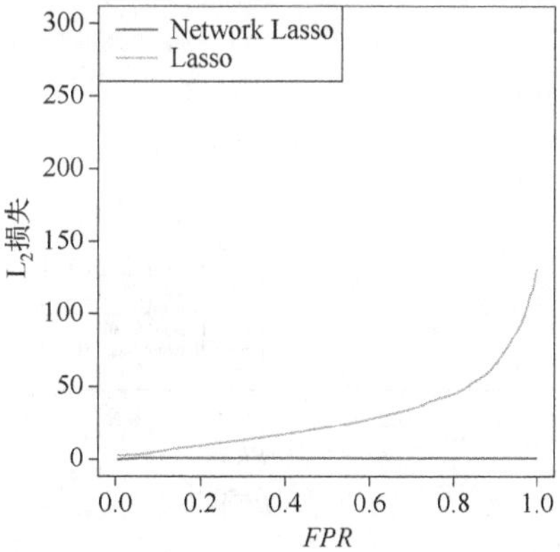

(b) p=100

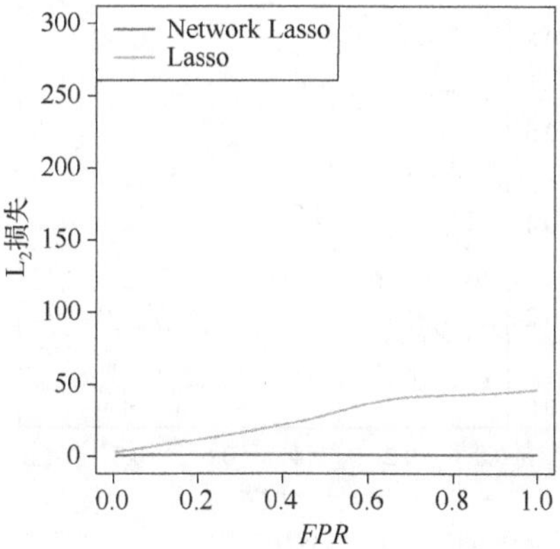

(c) p=150

图 5.7　两种估计在 Erdös-Renyi 网络图上的 L_2 损失比较

面可得，在三种网络图中，当 $p=100$ 时，Lasso 的表现最差，Network Lasso 基本不受变量维数影响；另一方面，无论何种情况下，Network Lasso 的表现均优于 Lasso。

（2）回归系数 β 随时生成时，两种估计的实验结果

按照方式（b）生成模型参数 $\boldsymbol{\beta}$，曲线拟合次数分别为 $M=5$、10、100。相应的实验结果和分析如下。

图 5.8 ~ 图 5.10 分别给出了无标度网络、Hub 网络和 Erdös-Renyi 网络在不同变量维数下的 ROC 曲线图。

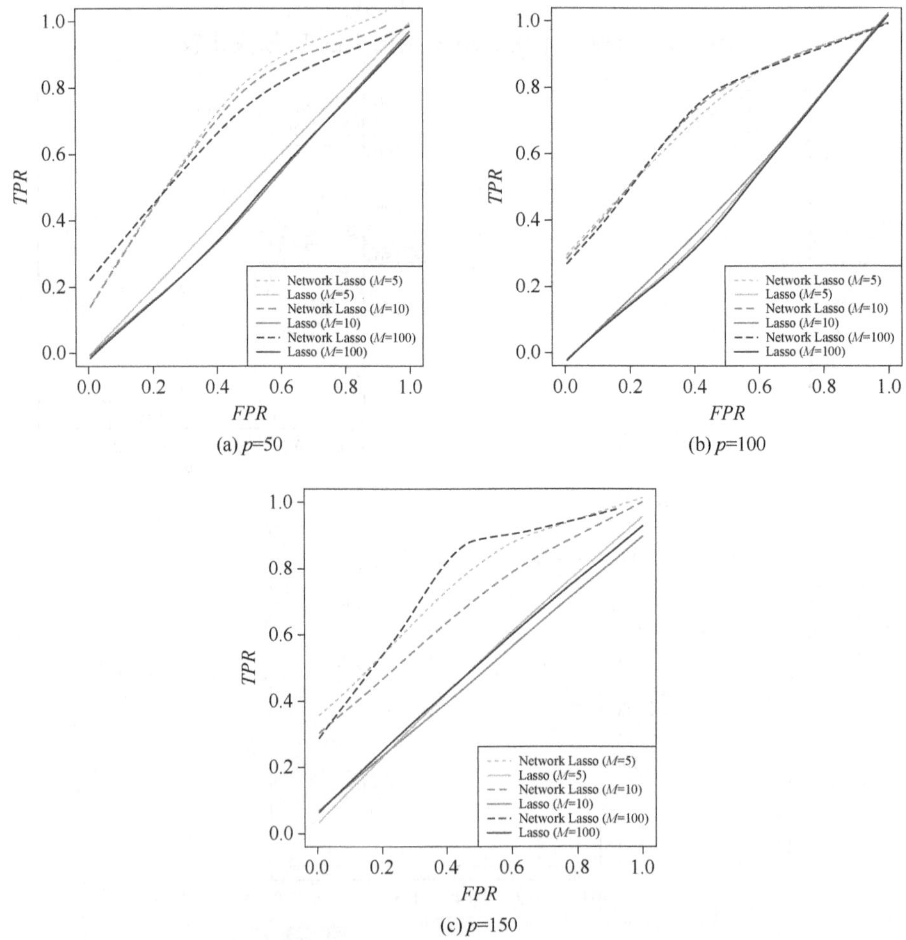

图 5.8　两种估计在无标度网络图上的 ROC 曲线图

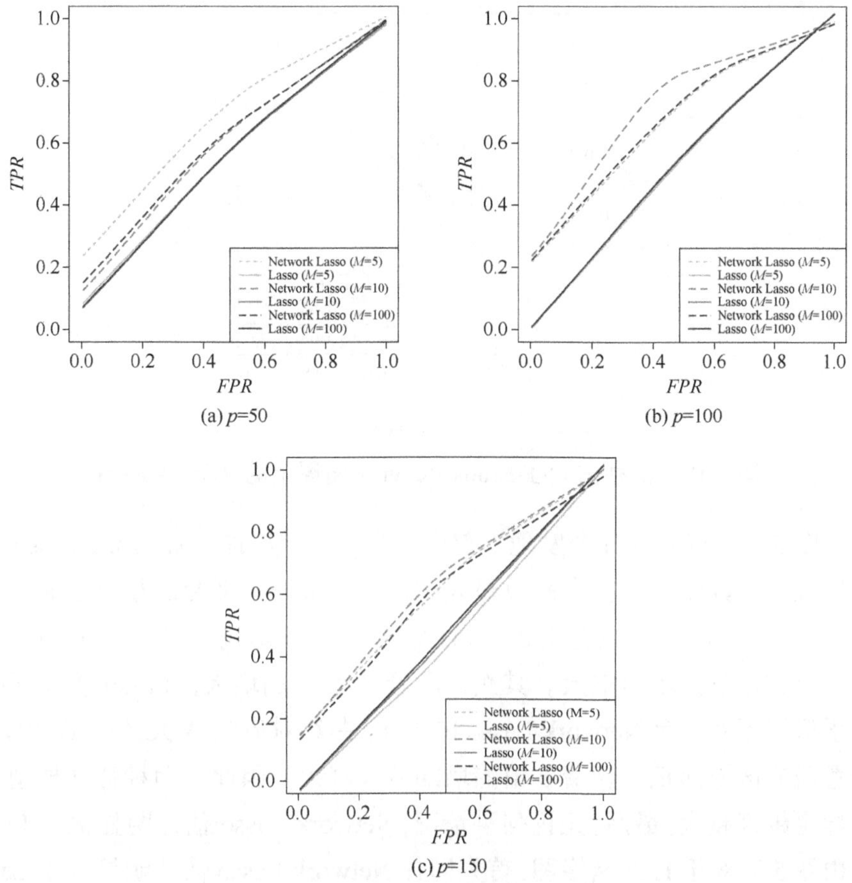

(a) p=50　(b) p=100

(c) p=150

图 5.9　两种估计在 Hub 网络图上的 ROC 曲线图

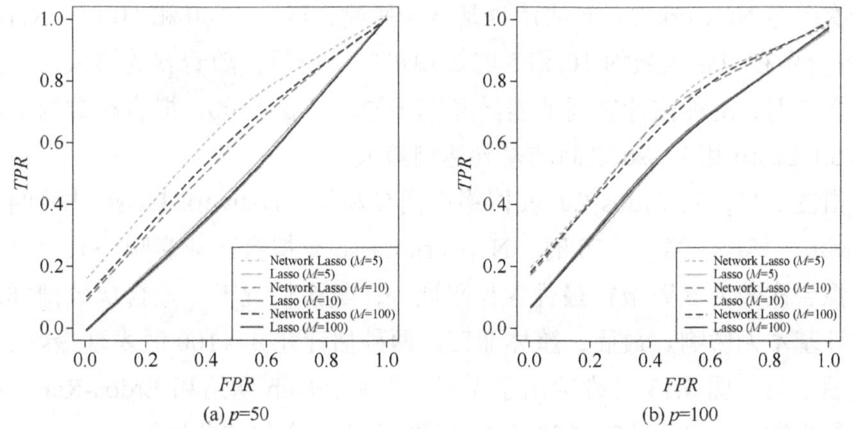

(a) p=50　(b) p=100

图 5.10

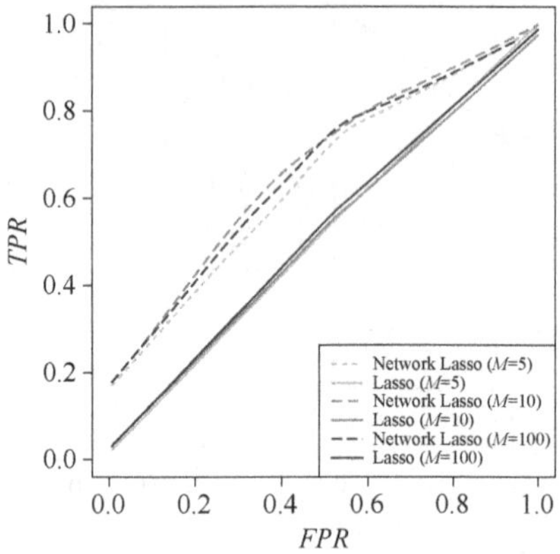

(c) p=150

图 5.10　两种估计在 Erdös-Renyi 网络图上的 ROC 曲线图

在图 5.8 中有如下几个发现：首先，当 p = 150 时，Network Lasso 估计受曲线拟合次数较大，拟合次数最大时，表现最好，拟合次数最小时，表现次之；当 p = 100 时，拟合次数对两种估计基本无影响；当 p = 50 时，二者受拟合次数影响并不是很大。其次，随着维数 p 的增大，Lasso 模型所得估计几乎保持不变，而 Network Lasso 的 ROC 曲线对应的 AUC 值（即 ROC 曲线所覆盖的区域面积）随着 p 值的增加越来越大，因此，两种估计模型之间的差异也越来越大。最后，无论何种情况，Network Lasso 估计明显优于 Lasso。

由图 5.9，对于 Hub 网络图，首先同样 Network Lasso 估计明显优于 Lasso。其次，无论 p 取值如何，拟合次数对 Lasso 估计基本无影响；当 p = 150 时，拟合次数对 Network Lasso 估计也基本无影响，当 p = 100 和 50 时，Network Lasso 分别在拟合次数为 10 和 5 时表现最好。最后，随着 p 的增大，当拟合次数为 5 时，两种估计之间的差异基本相同；当 p = 100，拟合次数为 10 时，Network Lasso 和 Lasso 之间的差异达到最大。

由图 5.10，在 Erdös-Renyi 网络中同样易得，Network Lasso 估计明显优于 Lasso。其次，当 p = 50 时，Network Lasso 受拟合次数影响略大，且该估计在拟合次数为 5 时取得最优值；除此外，其余情况下，拟合次数同样对两种估计基本无影响。最后，整体而言，两种估计在 p = 100 时表现最好。

图 5.11 ~ 图 5.13 分别给出了无标度网络、Hub 网络和 Erdös-Renyi 网络在变量维数 p = 50、100、150 下 L_2 损失随 *FPR* 变化的曲线图。

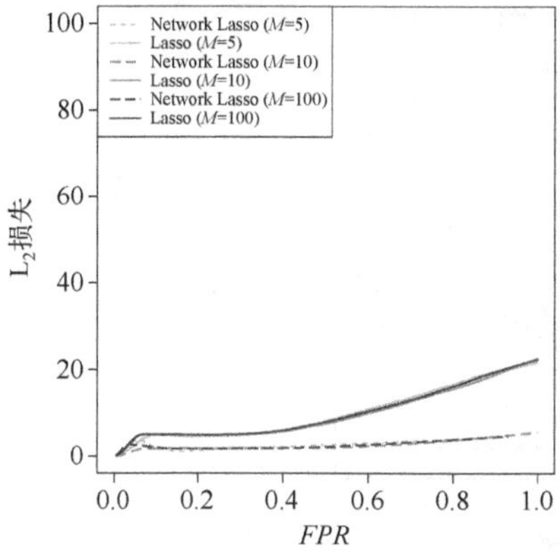

(a) p=50

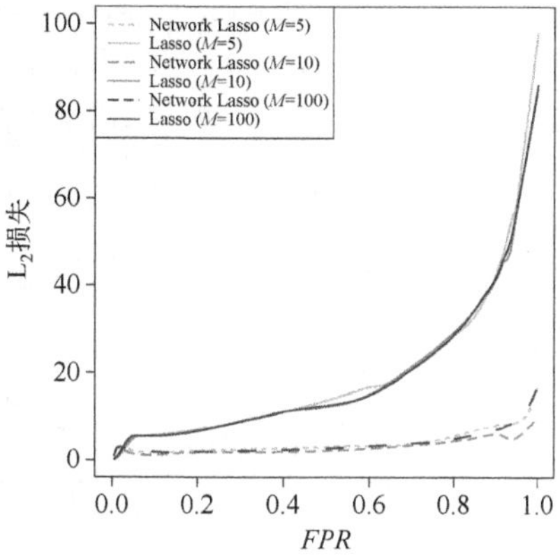

(b) p=100

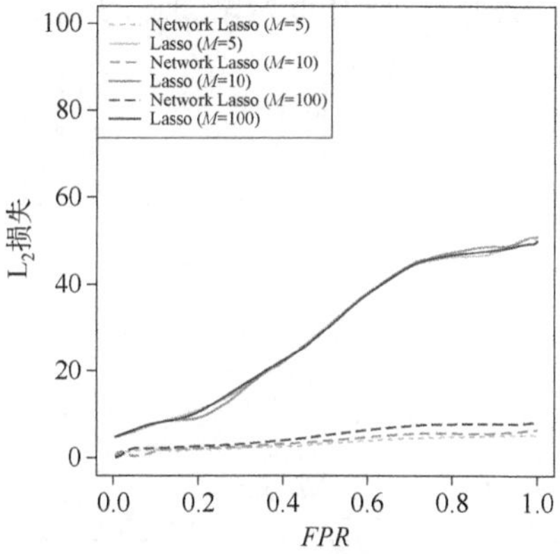

(c) p=150

图 5.11 两种估计在无标度网络图上的 L_2 损失比较

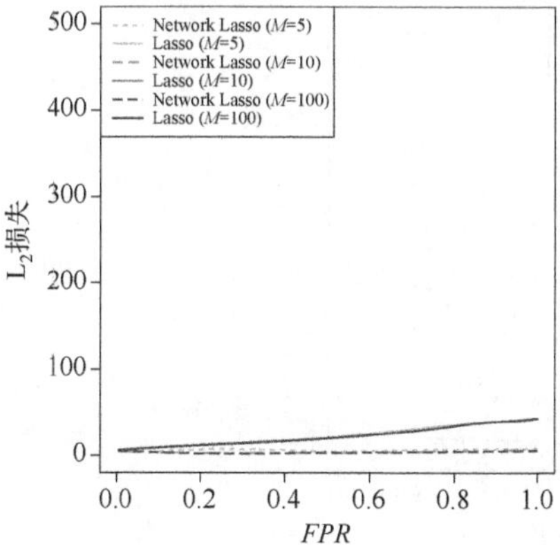

(a) p=50

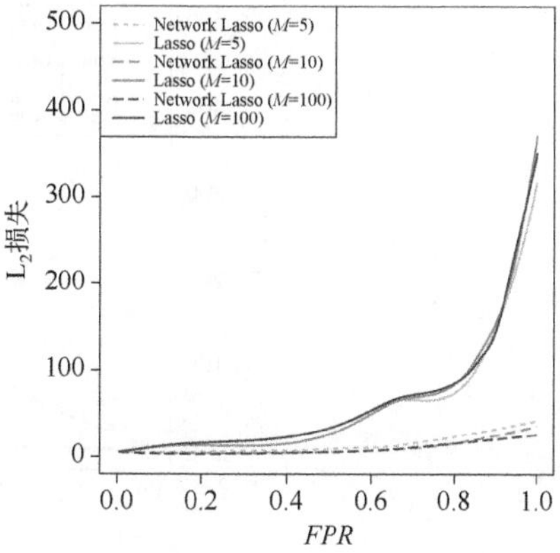

(b) p=100

图 5.12

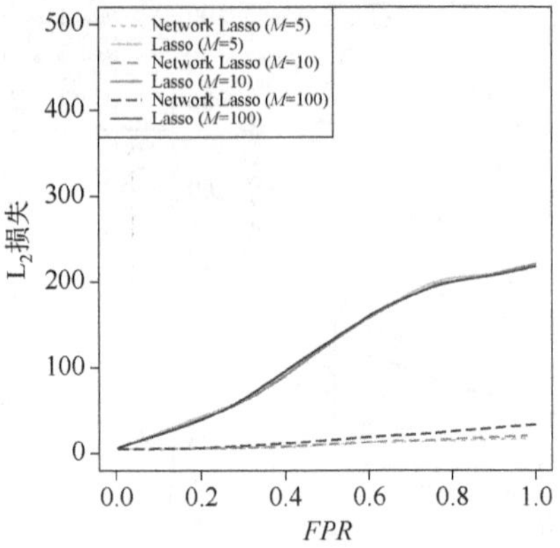

(c) p=150

图 5.12　两种估计在 Hub 网络图上的 L_2 损失比较

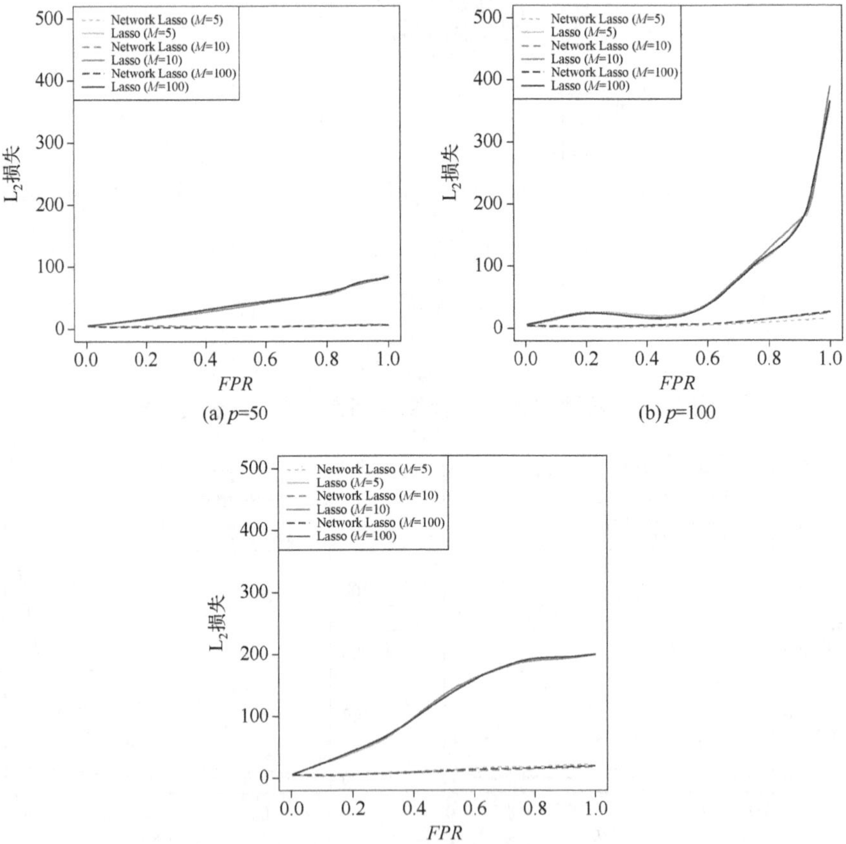

(a) p=50　(b) p=100　(c) p=150

图 5.13　两种估计在 Erdös-Renyi 网络图上的 L_2 损失比较

从图 5.11 ~ 图 5.13 中可以看出，两种估计受拟合次数的影响几乎为 0。且 Network Lasso 和 Lasso 在 Scale-free 网络上所取得 L_2 损失明显小于其他两种网络结构中所取得值。此外，不难发现，对于三种网络图，随着 p 的变化，Network Lasso 的值几乎不变。而 Lasso 估计在 $p = 50$ 时，表现最好；在 $p = 150$ 时，表现次之；在 $p = 100$ 时，表现最差；且当 $p = 50$ 和 150 时，Lasso 变化较为平稳。

综上，无论自变量维数如何，或是无论何种网络结构，Network Lasso 估计明显优于 Lasso，且曲线拟合次数对两种估计几乎无影响。由此说明，在线性模型中加入样本邻近信息能很大程度地提高回归模型预测的准确度。

5.3.2　真实数据集上的实验

本节将所提方法应用于房屋价格预测数据来验证其有效性。该数据记录了 2008 年 5 月某些地区一周内的房地产交易信息，具体包含有 985 个交易数据，即样本个数 $n = 985$，而每项交易中包括纬度、经度、卧室数量、浴室数量、房屋面积和销售价格等信息。然而，不可避免地，百分之十七的房屋销售交易缺少至少一个特征的记录，如没有提供卧室或浴室数据等。在实验中，我们将价格和所有属性均进行了标准化处理，使其均值为 0，方差为 1，因此任何缺失的特征都可以通过将值设置为零（平均值）来忽略。实验中随机选用 200 所房子作为测试集，剩余数据作为训练集。此外，我们根据每个房子的经度和纬度坐标来构建训练集和测试集上的网络图结构，对于房屋 i，考虑与之相邻最近的 $g(g = 3,5,7,10)$个和所有的房屋，并使用与两房屋之间距离成反比的权重值连接。需注意的是，如果房屋 j 在房屋 i 的最近邻集合中，那么无论房屋 i 是否是房屋 j 的最近邻居之一，它们之间都存在一条无向边。我们使用样本内平均平方预测误差（in-sample mean squared prediction errors）和样本外的平均平方预测误差（out-sample mean squared prediction errors）来评模型的优劣。

图 5.14 给出了不同 λ 值下的样本内和样本外的平均平方预测误差曲线图。

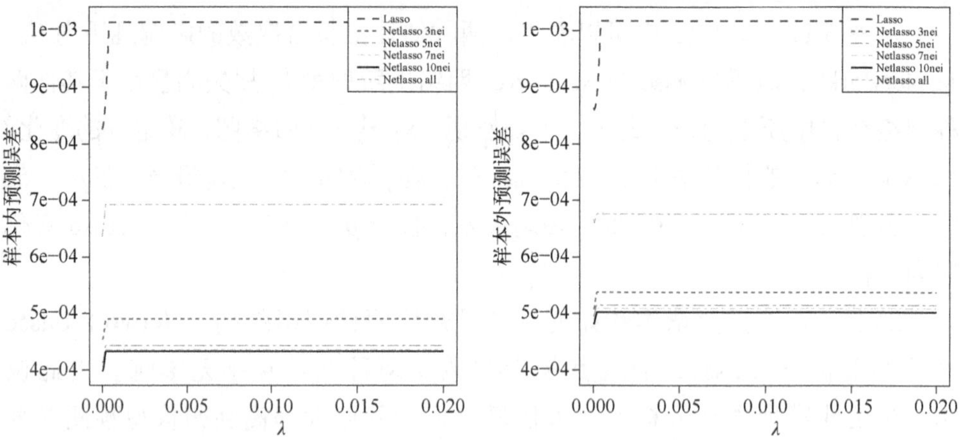

图 5.14　各类估计在不同 λ 值下的样本内和样本外的均方预测误差比较

从中可以看出，Lasso 表现最差；当考虑房屋的相邻个数为 10 时，Network Lasso 的表现最好。换句话说，在线性回归模型中加入邻近样本信息能够极大提高模型的预测精度。此外，邻近样本的个数太多或太少均会影响模型预测的准确度。

第6章

面向网络数据的 Elastic Net回归模型

在当前大数据时代，事物及其关联前所未有地以数据的形式被记录和收集，因而产生了大量的网络数据。如何有效利用网络数据中存在的结构信息，将其合理地融入回归模型，进一步提高线性模型的预测效果，是机器学习领域一个重要的研究课题。

6.1 网络数据问题

随着科学技术的不断进步与发展，各类事物间的联系和相互作用发生了从量到质的变化，从而使得各个领域内的数据呈现出了网络结构的特点，即网络数据。网络数据存在于生活中的方方面面，如人与人之间通过各种人际关系相互联系，从而形成朋友、同学、同事等多种社交网络；高速公路、高铁、客运航班等交通方式将各个地区连通，从而形成一个天然的交通网络；在生命科学领域，越来越多的实证结果表明，许多疾病、性状的表达不是由单个基因决定，而是受到多个基因之间的相互作用影响，从而形成了基因网络等。此外，网页链接网络、金融网络及文献引用网络也广泛存在于日常生活中。网络数据通常用图来表示，图中每个节点代表一个具体的网络实体，如社交网络中的一个用户；节点之间的连接边代表实体之间的关系，如两个用户之间的好友关系。近年来，随着数据采集技术的蓬勃发展，数据不仅呈现出了上述网络结构的特点，而且具有高维性。因此，如何有效分析或处理高维网络数据成为了机器学习、计算机科学、生物信息等领域的研究热点。目前关于网络数据的研究主要集中在两个方面，一方面是关于网络结构的研究，另一方面主要考虑将网络数据中的结构信息与机器学习中常用的经典模型相结合。前者旨在根据数据估计未知的网络结构，典型的方法有罚似然估计和邻居选择方法。后者主要是利用机器学习模型对网络数据进行分析，以便作进一步推断或预测。本节将重点关注后者，更为具体地，本节将聚焦回归模型与网络结构信息相结合的研究。

6.2 面向网络数据的回归模型

网络数据作为一种数据表现形式，能够有效地刻画和描述数据之间的关联性。基于此，面向网络数据的回归模型也引起了学者们的广泛关注。高维性已经成为了网络数据的基本特点之一，高维问题的本质特点是具有稀疏性，即数据表面上维数很高，但是其本质上具有低维结构。以高维线性模型为例，虽然输入变量的维数或属性个数远大于样本数，但事实上，对输出变量有重要影响的属性很少。近年来，随着正则化方法的提出，以 Lasso 为代表的一类回归模型具有了较好的变量选择能力，如自适应 Lasso、LAD-Lasso、SCAD 等。受此启发，Zhu 和 Levina 等提出了一种网络链接数据的预测模型，他们在个体模式效应中引入了基于网络的惩罚，以表示链接节点的预测因子之间的相似性，该方法可以看作是点估计问题的回归版本。另外，也可看作是贝叶斯框架下，应用高斯马尔可夫随机场作为先验的网络回归问题。此外，在某些特定问题下，也有相关方面的研究，如在经济学中，Manski 对社交网络的研究。Asur 等将网络数据应用于预测模型，通过研究网络结构来预测现实生活中某一现象的结果。上述工作利用回归模型对网络数据进行了有效分析，由此也表明网络数据在回归模型中有重要的研究价值。然而，目前已有的基于网络数据的回归模型，大多考虑的是属性之间的网络结构信息。考虑样本输出变量的网络结构信息尚未得到充分的研究，尤其在回归模型构建中，并未合理利用输出变量之间的网络结构信息。近期，Network Lasso 通过构建含有输出变量之间的网络结构图，并利用平方损失和 L_1 正则化对参数进行选择和估计，从而为解决上述问题提供了一种新思路。然而，当变量之间相关性较强时，该方法的性能会明显减弱；而且面向高维小样本数据，容易导致模型过度稀疏化。为解决上述问题，基于含有输出变量结构信息的回归模型，本节提出了面向网络数据的 Elastic Net 回归模型。该模型主要包含平方损失函数项和 Elastic Net 正则项两部分，第一部分平方损失函数项既包含样本属性信息，又包含样本输出变量之间的结构信息；第二部分 Elastic Net 正则项由 L_1 和 L_2 组成，前者具有变量选择能力，后者能够处理共线性问题，并且具有一定的稳定性。综上，所提模型有效地解决数据共线性以及模型过度稀疏问题，从而进一步提高了回归模型预测的准确性和可解释性。其主要贡献包括构建了一种含有样本结构信息的回归模型，避免了传统线性模型独立同分布的基础假设；提出了一种面向网络数据的回归模型算法，既包含网络数据的结构信息，又能够有效处理强相关性问题，避免了模型过度稀疏化。

6.3 Network Elastic Net 模型构建

6.3.1 模型构建

给定数据集 $\boldsymbol{D}=\{(\boldsymbol{x}_i,y_i)\}_{i=1}^n$，假设 n 个样本通过网络 $G=(V,E)$连接，其中 $V=\{1,2,\cdots,n\}$为网络图中顶点的集合，$E\subset V\times V$为边的集合，每一条边代表点与点之间的连接。为提高模型预测的准确性，在拟合过程中，不仅考虑每个样本的预测变量 x_i 对其响应变量 y_i 的影响，同时考虑其邻接样本 $y_j(j=1,2,\cdots,n)$对其产生的影响，具体构建模型如下：

$$y_i=\boldsymbol{x}_i^{\mathrm{T}}\boldsymbol{\beta}+\frac{1}{|M_i|}\sum_{j\in M_i}\alpha_j y_j+\epsilon_i$$

其中，$i=1,2,\cdots,n$；y_i 代表第 i 个响应变量；$\boldsymbol{x}_i$ 代表第 i 个预测变量；ϵ_i 为模型误差；$\boldsymbol{\beta}\in\boldsymbol{R}^p$ 为对应的 p 维待估回归参数；y_j（$j\in M_i$）表示与 y_i 具有连接关系的响应变量；α_j 为相应的影响系数；M_i 表示与 y_i 相连接的响应变量组成的集合，即 $M_i=\{j|(y_i,y_j)\in E\}$。

为便于理解与计算，本节假设第 $i(i=1,2,\cdots,n)$个响应变量 y_i 的所有连接变量 y_j 对其有相同的影响，并令其为 α，即 $\alpha_j=\alpha_{j'}=\alpha$，从而，构建模型如下：

$$y_i=\boldsymbol{x}_i^{\mathrm{T}}\boldsymbol{\beta}+\frac{\alpha}{|M_i|}\sum_{j\in M_i}y_j+\epsilon_i \tag{6.1}$$

进一步，为估计未知回归参数，本节考虑如下正则化估计：

$$\min_{\boldsymbol{\beta}}\frac{1}{2n}\sum_{i=1}^{n}\left(y_i-\boldsymbol{x}_i^{\mathrm{T}}\boldsymbol{\beta}+\frac{\alpha}{|M_i|}\sum_{j\in M_i}y_j\right)^2+\lambda_1\sum_{j=1}^{p}|\beta_j|+\lambda_2\sum_{j=1}^{p}\beta_j^2 \tag{6.2}$$

其中，第一项为损失函数项，度量学习结果在数据上的误差损失；第二项为 L_1 正则项，能够保证模型的稀疏性；第三项为 L_2 正则项，具有强凸性，因而当数据中的因变量 $\boldsymbol{x}_{i1}$ 和 $\boldsymbol{x}_{i2}$ 具有相关性时，该模型有能力将 $\boldsymbol{x}_{i1}$ 和 $\boldsymbol{x}_{i2}$ 同时选出或剔除，即具有组变量选择的能力；λ_1 和 λ_2 为大于 0 的正则化参数，

λ_1 越大，模型的稀疏性越强。

将回归模型式（6.1）重新整理成矩阵形式如下：

$$\boldsymbol{Y} = \boldsymbol{X\beta} + \boldsymbol{AY}\alpha + \boldsymbol{\epsilon}$$

其中，矩阵 $\boldsymbol{A}$ 为图 G 的邻接矩阵，如果 $(\boldsymbol{u},v) \in E$，则 $\boldsymbol{A}_{uv} = 1$；否则 $\boldsymbol{A}_{uv} = 0$；$\epsilon = (\epsilon_1, \epsilon_2, \cdots, \epsilon_n)^{\mathrm{T}}$ 为 n 维模型误差向量，服从高斯分布。相应地，式（6.2）重新整理如下：

$$\min_{\beta} \frac{1}{2n} \| Y - X\beta - AY\alpha \|_2^2 + \lambda_1 \| \beta \|_1 + \lambda_2 \| \beta \|_2^2 \tag{6.3}$$

由弹性网络回归可知，$L_1 + L_2$ 正则项称为 Elastic Net 正则项，故将式（6.3）称为面向网络数据的 Elastic Net 回归模型，即 Network Elastic Net 模型，简记为 E-Netlasso。特别地，当 $\lambda_2 = 0$ 时，上述模型即为 Network Lasso（Netlasso）。与 Netlasso 相比，本节所提模型增加了 L_2 正则项，该正则项是各个元素的平方之和，具有强凸性，因而本节所提模型具有组变量选择的能力。

令 $\gamma = \dfrac{\lambda_2}{\lambda_1 + \lambda_2}$，则式（6.3）转化为

$$\min_{\beta} \frac{1}{2n} \| \boldsymbol{Y} - \boldsymbol{X\beta} - \boldsymbol{AY}\alpha \|_2^2 + \lambda_1 \| \boldsymbol{\beta} \|_1 + \lambda \left(\gamma \| \boldsymbol{\beta} \|_1 + \frac{1-\gamma}{2} \| \boldsymbol{\beta} \|_2^2 \right)$$

其中，$\gamma \in (0,1)$；当 $\gamma = 1$ 时，上述模型即为 Netlasso。

6.3.2　求解算法

本节详细介绍所提模型式（6.3）的求解算法，分别考虑影响系数 α 已知和未知两种情况。为便于理解，对式（6.3）进行推导。

① 当 $\boldsymbol{\alpha}$ 已知时

本节采用坐标下降法求解回归参数，具体如下：

$$\boldsymbol{\beta} = \arg\min_{\beta} \frac{1}{2n} \| \boldsymbol{Y} - \boldsymbol{X\beta} - \boldsymbol{AY}\alpha \|_2^2 + \lambda_1 \| \boldsymbol{\beta} \|_1 + \lambda_2 \| \boldsymbol{\beta} \|_2^2$$

对上式右边求导，并令所求导数为 0，可得

$$(-\boldsymbol{X}^{\mathrm{T}})(\boldsymbol{Y} - \boldsymbol{X\beta} - \boldsymbol{AY}\alpha) + n\lambda_1 \mathrm{e} + n\lambda_2 \boldsymbol{\beta} = 0$$

其中，若 $\beta_j>0$，则 e = 1；若 $\beta_j<0$，则 e = −1。对上式进一步整理，可得

$$(\boldsymbol{X}^{\mathrm{T}}\boldsymbol{X}+2n\lambda_2)=\boldsymbol{X}^{\mathrm{T}}(\boldsymbol{Y}-\boldsymbol{AY}\alpha)-n\lambda_1\mathrm{e}$$

即

$$(\boldsymbol{X}^{\mathrm{T}}\boldsymbol{X}+2n\lambda_2)\boldsymbol{\beta}=\mathrm{Shrink}[\boldsymbol{X}^{\mathrm{T}}(\boldsymbol{Y}-\boldsymbol{AY}\alpha),n\lambda_1]$$

其中，$\mathrm{Shrink}[u,\eta]=\mathrm{sgn}(u)\max(|u|-\eta,0)$。

进一步，可得

$$\hat{\boldsymbol{\beta}}=(\boldsymbol{X}^{\mathrm{T}}\boldsymbol{X}+2n\lambda_2)^{-1}\mathrm{Shrink}[\boldsymbol{X}^{\mathrm{T}}(\boldsymbol{Y}-\boldsymbol{AY}\alpha),n\lambda_1] \tag{6.4}$$

② 当 $\boldsymbol{\alpha}$ 未知时

本节采用交替迭代和坐标下降法进行求解。

首先，固定 $\boldsymbol{\beta}$，求解 $\boldsymbol{\alpha}$ 如下：

$$\boldsymbol{\alpha}=\arg\min\frac{1}{2n}\|\boldsymbol{Y}-\boldsymbol{AY\alpha}-\boldsymbol{X\beta}\|_2^2$$

根据坐标下降法，可求得

$$\hat{\boldsymbol{\alpha}}=\frac{(\boldsymbol{AY})^{\mathrm{T}}}{\|\boldsymbol{AY}\|_2^2}(\boldsymbol{Y}-\boldsymbol{X\beta}) \tag{6.5}$$

其次，固定 $\boldsymbol{\alpha}$，求解 $\boldsymbol{\beta}$，所得结果同式（6.4）。

因此，当 $\boldsymbol{\alpha}$ 未知时，交替迭代公式（6.4）和式（6.5）可分别求得参数 $\boldsymbol{\alpha}$ 和 $\boldsymbol{\beta}$，直到收敛。

综上，求解 Network Elastic Net 的算法步骤如下。

算法 6.1 Network Elastic Net 模型求解算法

输入：

数据 $\{(\boldsymbol{x}_i,y_i)\}_{i=1}^n$；

正则化参数 λ；参数 $\gamma\in(0,1)$；邻接矩阵 $\boldsymbol{A}$；迭代误差 δ。

输出：

回归系数 $\hat{\boldsymbol{\beta}}$。

方法：

初始化：给定初始值 $\boldsymbol{\beta}^0$。

repeat
根据公式（6.4）更新 $\boldsymbol{\beta}$;
根据公式（6.5）更新 $\boldsymbol{\alpha}$;
until 满足 $\|\hat{\boldsymbol{\beta}}^{k}-\hat{\boldsymbol{\beta}}^{k-1}\|_2 \leqslant \delta$ 。

6.4 实验结果与分析

本节通过人工数据集上的实验来验证所提模型 Network Elastic Net（E-Netlasso）的有效性，并与 Network Lasso（Netlasso）和 Lasso 进行比较。此外，为了尽可能准确全面地利用样本之间的网络结构信息，本节考虑三种最常用的网络结构图，分别为 Scale-Free（SF）网络、Hub 网络和 Erdös-Renyi（ER）网络，具体结构形式如图 5.1。

6.4.1 人工数据集上的实验

参考 Su 等人的实验生成实验数据。具体假定样本量个数 $n=100$；预测变量维数 p = 50、100、200、300、400；设计矩阵 X 中的每一行服从正态分布 $N(0,\Sigma),\Sigma=(\sigma_{ij})$，$\sigma_{ij}=0.5^{|i-j|}$；模型误差$\epsilon_i$服从标准正态分布 $N(0,1)$，真实回归系

$$\boldsymbol{\beta}_0=(0.5,1,0.8,0.2,0.3,\underbrace{0.5,\ldots0.5}_{(20)},\underbrace{0,\ldots0}_{p-25})$$

在此基础上，响应变量 $\boldsymbol{Y}$ 按

$$\boldsymbol{Y}=\boldsymbol{X\beta}+\boldsymbol{AY}\alpha+\boldsymbol{\epsilon}$$

生成，并固定 $\boldsymbol{\alpha}=2$。$\boldsymbol{A}$ 为上述网络结构图的邻接矩阵。

此外，定义几个评价指标如下：

① L_q 损失：$\|\hat{\boldsymbol{\beta}}-\boldsymbol{\beta}_0\|_q, q=1,2$ 。

② 均方误差（MSE）：$MSE=(\hat{\boldsymbol{\alpha}}-\boldsymbol{\alpha})^2$ 。

③ 变量选择个数 N：$N=\#\{j:\hat{\beta}_j\neq 0\}$ 。

④ $\mathrm{F_1}$-score：$2TP/(2TP+FP+FN)$。其中 $TP=\#\{j:\beta_{0j}=0,\hat{\beta}_j=0\}$，$FP=\#\{j:\beta_{0j}=0,\hat{\beta}_j\neq 0\}$，$TP=\#\{j:\beta_{0j}\neq 0,\hat{\beta}_j=0\}$ 。

针对每一种网络图，首先比较不同值对所提方法的影响，分别考虑 γ 等 5 个不同的值；其次研究不同维度下本节所提方法的预测与变量选择能力；最后将本节所提模型 Network Elastic Net（E-Netlasso）与 Network Lasso（Netlasso）、Lasso 进行比较，以此验证所提方法的有效性。下面分别以三种网络图为例进行具体的分析和讨论。

（1）SF 网络

① 参数 γ 对模型的影响

研究值对 Network Elastic Net 模型的影响，具体包括模型预测准确度和变量选择能力两方面，实验结果如图 6.1 所示。

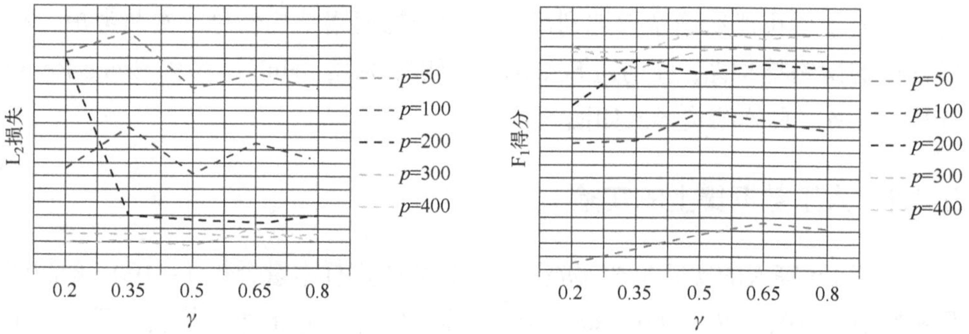

(a) 不同 γ 值下的 L_2 损失值　　(b) 不同 γ 值的 F_1 得分值

图 6.1　SF 网络中 γ 对模型的影响

图 6.1（a）给出了本节所提方法在不同维度下取得的损失值随参数的变化情况，进而衡量本节所提方法在不同值下的预测效果。由图可知，当样本维度 p = 50 或 100 时，损失值在 0.5 处取得最小值，即 Network Elastic Net 的预测准确度最高；当 p = 200 时，随着 γ 的增大，L_2 损失值减小并趋于稳定；当 p = 300 时，L_2 损失值基本取得了相同的值；当 p = 400 时，损失值在 γ = 0.2 和 0.5 之间基本相同；随着 γ 的增大，L_2 损失值先增大后减小。整体而言，当维数较高（大于样本个数）时，本节所提方法 Network Elastic Net 在不同的 γ 值下所得误差基本相同，由此表明参数对 Network Elastic Net 影响较为稳定。当维数较低时，Network Elastic Net 在 0.5 处取得最小损失值，此时预测精度最高。

图 6.1（b）展示了本节所提方法在不同 γ 值下的变量选择结果。由该图可知，当样本维度 $p = 50$ 时，随着 γ 的增大，F_1 分数值逐渐增大，在 $\gamma = 0.65$ 处达到最大；当 $p = 100$ 时，F_1 分数值在 $\gamma = 0.5$ 处达到最大；当 $p = 200$ 时，随着 γ 的增大，F_1 分数值先增大后减小，在 $\gamma = 0.35$ 和 0.65 处达到最大，在 0.2 处最小；当 $p = 300$ 或 400 时，F_1 分数值均在 $\gamma = 0.5$ 处取得最大。综上可得，参数值 γ 对所提方法在变项选择方面较为敏感。结合图 6.1 可得，当时，Network Elastic Net 在预测准确度和变量选择方面均有取得了较好的结果。更为全面详细的实验结果请参见附录 1 附表 1。

② 不同 p 值下的实验结果

本小节研究本节所提方法随样本维度 p 的变化情况。为使得结果更加清晰明了，固定 $\gamma = 0.5$，结果如图 6.2 所示。

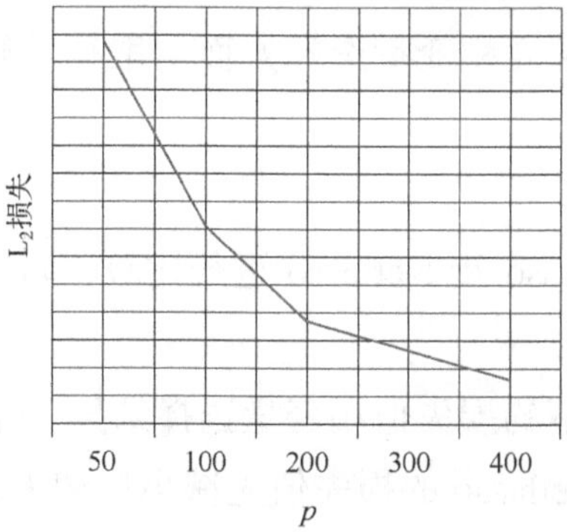

(a) 不同 p 值下的 L_2 损失值

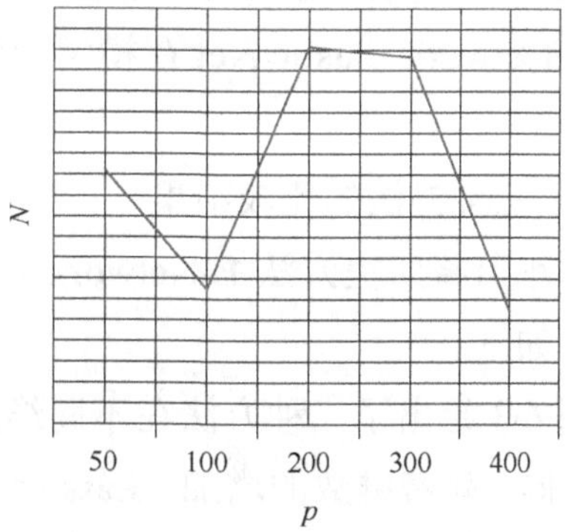

(b) 不同 p 值下的变量选择个数

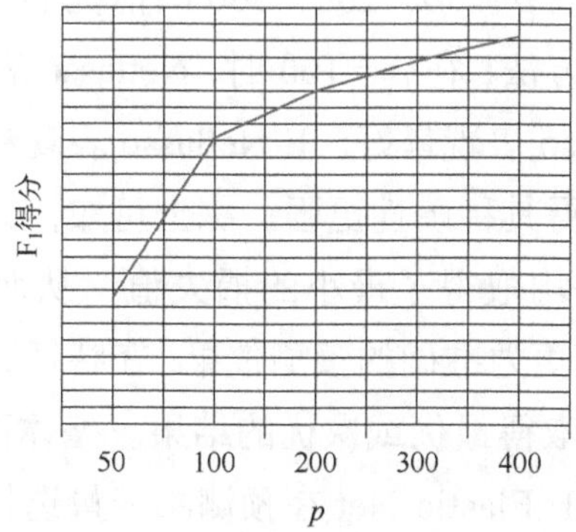

(c) 不同 p 值的 F_1 得分值

图 6.2　SF 网络中 p 对模型的影响

图 6.2（a）给出了损失值随 p 的变化情况，从图中可以看出随着维数的增大，损失值越来越小，即本节所提方法的预测准确度越来越高。由此说明 Network Elastic Net 在高维情况下表现效果更好。图 6.2（b）（c）分别从变量选择个数 N 和 F_1 得分值两方面展示了 Network Elastic Net 在变量选择方面的能力。由图 6.2（b）可知，当 $p=100$ 或 400 时，所选变量比较少；当 $p=200$ 或 300 时，所选变量几乎相等；当 $p = 50$ 时，介于上述两者之间。由图 6.2（c）可知，随着维数的增高，变量选择的准确度越来越高。由此可得，当 $p=100$ 时，Network Elastic Net 选择了较少的变量且准确度较低；当 $p=50$ 时有类似的结果；当 $p=200$ 或 300 时，模型所选变量个数较多，但准确度较低；当 $p=400$ 时，Network Elastic Net 所选变量个数最少且准确度最高，即所选的非零变量与真实的非零变量比较一致。综上可得，当样本维数较高时，Network Elastic Net 在模型预测精度和变量选择方面均取得了较好的结果。

③ 三种方法的比较结果

本小节将所提方法 E-Network 与 Lasso 及 Netlasso 进行比较，具体结果与分析如下。

图 6.3 给出了三种方法在不同维度下的损失值和变量选择结果。由图 6.3（a）可得，随着维数的增加，Lasso 和 Netlasso 的损失值先减小后增大，后又减小；而 E-Netlasso 的损失值持续减小，且远小于 Lasso 和 Netlasso。图 6.3（b）和图 6.3（c）显示，在 $p=50$、200、300 的情况下，本节所提方法的变量选择效果优于其他两种方法；在 $p=100$ 时，Netlasso 表现最好，E-Netlasso 次之；在 $p = 400$ 时，Lasso 表现最好，E-Netlasso 表现最差，其原因在于参数和的选择较大，从而使得其稀疏性更强。综上可知，无论是低维数据还是高维数据，本节所提方法均取得了最小的损失值，从而说明本节所提方法 Network Elastic Lasso 具有更为准确的预测效果。在特征选择和模型选择方法上，本节所提方法均可以取得最优或次优的结果。整体而言，相比于 Lasso 和 Network Lasso，Neteork Elastic Net 在预测和变量选择方面均有较好的效果，尤其对于高维数据。由此说明，该方法能够更好地处理变量的共线性问题，进而进一步提高模型预测的准确度。

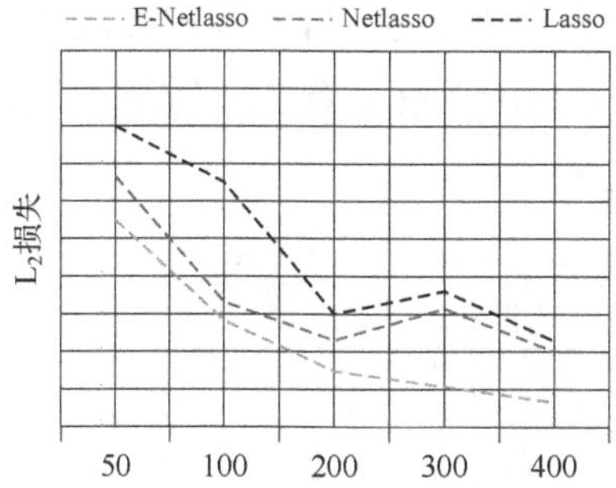

(a) 不同模型的L_2 损失值

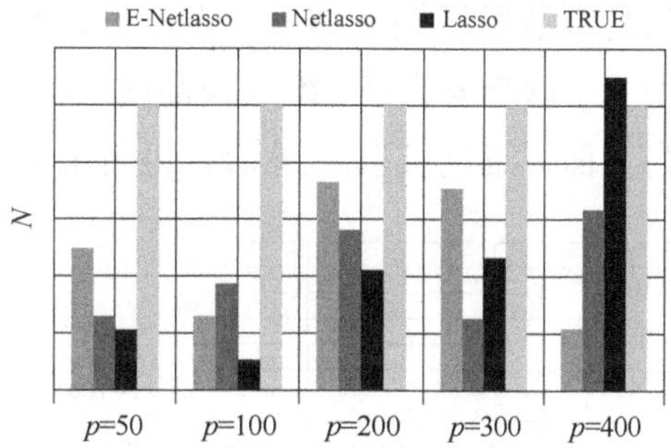

(b) 不同模型的变量选择个数

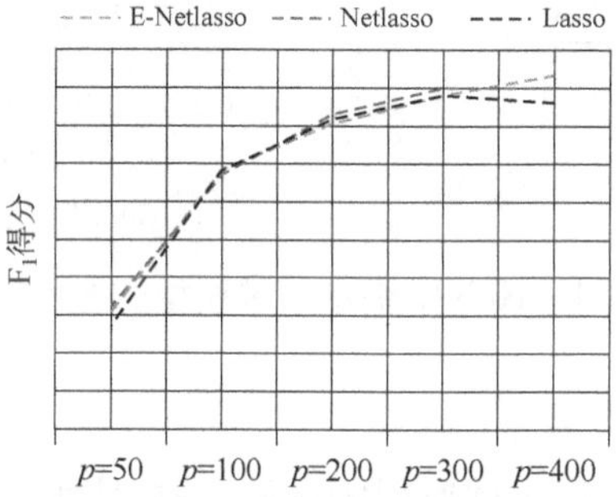

(c) 不同模型的F_1得分值

图 6.3 SF 网络下三种模型的比较

(2) Hub 网络

① 参数 γ 对模型的影响

图 6.4 展示了 L_2 损失值和 F_1 分数值随参数 γ 的变化情况。由图 6.4（a）可得，当 $p = 50$ 或 100 时，Network Elastic Net 的 L_2 损失值随 γ 的变化波动比较大，其中 $p = 50$ 时在 0.35 处取得最小值，0.65 处次之，0.2 处为最大；$p = 100$ 时在 0.65 处，L_2 损失值最大，在 0.35 和 0.5 处几乎相等且最小。当 p 大于等于 200 时，随着 γ 的增大，L_2 损失值基本趋于稳定，尤其当 $p = 300$ 或 400 时。图 6.4（b）给出了 Network Elastic Net 模型不同维度下 F_1 分数值随 γ 的变化情况。当 $p = 50$ 和 100 时，随着 γ 值的增大，F_1 分数值的变化趋势基本一致，且均在 0.2 处和 0.65 处取得了几乎相等的最小值。当 $p = 200$ 时，在 0.5 处变量选择效果最好，在 0.35 和 0.65 处最差。当 $p = 300$ 或 400 时，随着 γ 的变化，F_1 分数值几乎保持不变且取值较大。结合图 6.4 可得，

无论是本节所提模型的预测准确度，还是变量选择能力，当样本维数较低时，模型受 γ 影响较大；当维数较高时，Network Elastic Net 对参数 γ 敏感度较小。更为全面详细的实验结果请参见附录 1 附表 3。

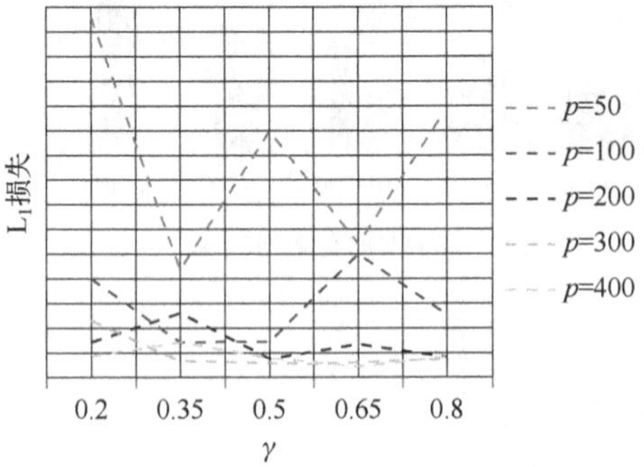

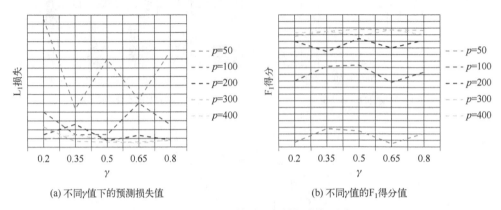

(a) 不同γ值下的预测损失值

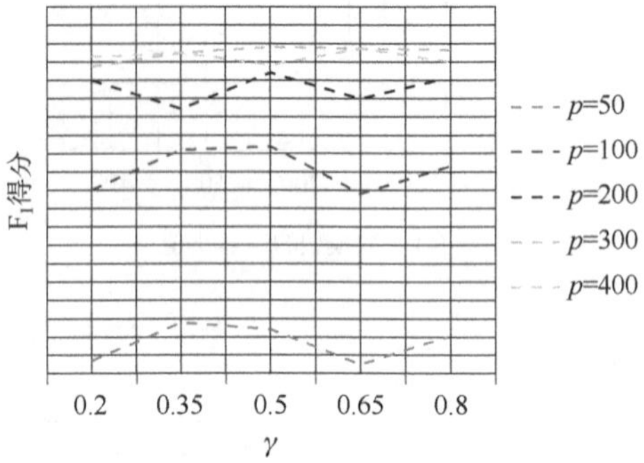

(b) 不同γ值的F_1得分值

图 6.4　Hub 网络中 γ 对模型的影响

② 不同 p 值下的实验结果

本小节研究了样本维度 p 对模型的影响。类似地，固定。图 6.5（a）展示了所提模型在不同维度下的预测效果，图 6.5（b）（c）分别给出了所提模型在不同维度下的变量选择个数和 F_1 分数值，用来衡量 Network Elastic Net 模型的变量选择能力。由图 6.5（a）可知，随着维数的增高，Network Elastic Net 的损失值呈下降趋势，在 $p = 300$ 处取得最小，随后略有增高，但均远小于 $p = 50$ 时所得损失值。由图 6.5（b）可知，当 $p = 400$ 时，所选变量个数最接近于真实值，且由图 6.5（c）可知分数值也较大，即模型可以以很大的概率选出与真实模型一致的非零变量。类似地，从图 6.5（b）可知当 p 取 50 到 300 时，模型所选变量个数远远小于真实的值。同时由图 6.5（c）可知，分数值随着维度的增高而增大，即当 $p = 300$ 时，虽然模型所选变量个数较少，但精度较高；相反地，当 $p = 50$ 时，模型所选变量个数较少且精度很低。

③ 三种方法的比较结果

将本节所提方法 E-Network 与 Lasso、Netlasso 进行了比较，具体结果与分析如下。图 6.6（a）给出了三种模型的损失值，用来衡量各个模型预测的

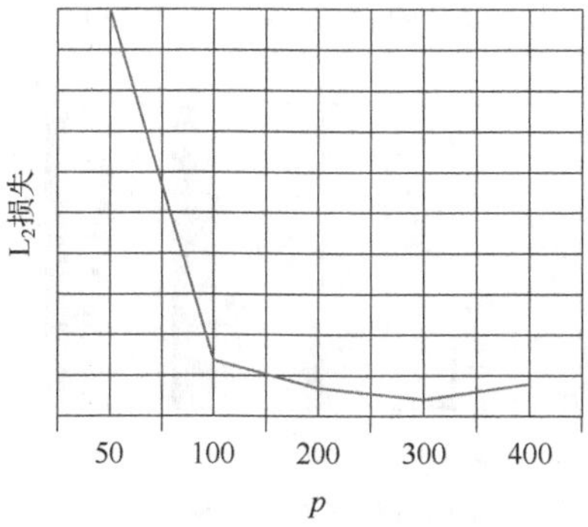

(a) 不同p值下的L_2损失值

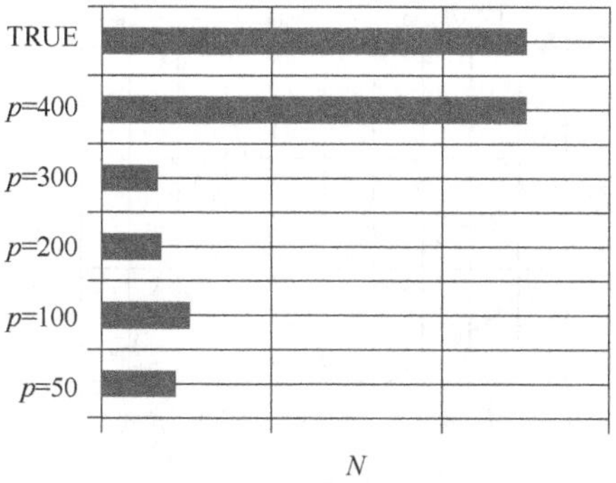

(b) 不同p值下的变量选择个数

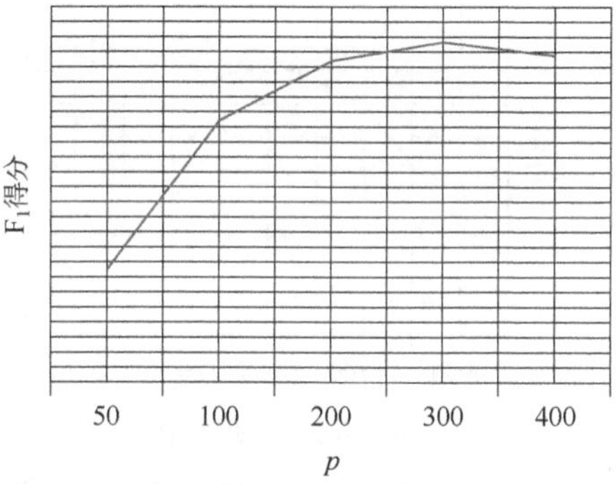

(c) 不同p值的F_1得分值

图 6.5　SF 网络中 p 对模型的影响

准确度。由图 6.6（a）可知，本节所提模型的损失值远小于其余两种模型，尤其当 $p = 300$ 时。且整体而言，随着维度的变化，E-Netlasso 模型的损失值波动较小，相对比较稳定，其次是 Netlasso，Lasso 表现最差。图 6.6（b）、（c）分别展示了三种模型的变量选择个数和分数值，用来衡量模型的变量选择能力。由图 6.6（b）可知，除 $p = 300$ 外，E-Netlasso 取得的变量个数均最接近于真实值。由图 6.6（c）可知，E-Netlasso 所得分数值随维数的增高而增大，且均大于其余两种模型所得值。当 $p = 300$ 时，Netlasso 所选变量个数最接近于真实值，但由图 6.6（c）可知其准确度较小。综合图 6.6（b）、（c）可得，E-Netlasso 在变量选择方面可取得最优或次优。综上可得，E-Netlasso 在回归模型预测和变量选择方面均优于 Netlasso 和 Lasso。

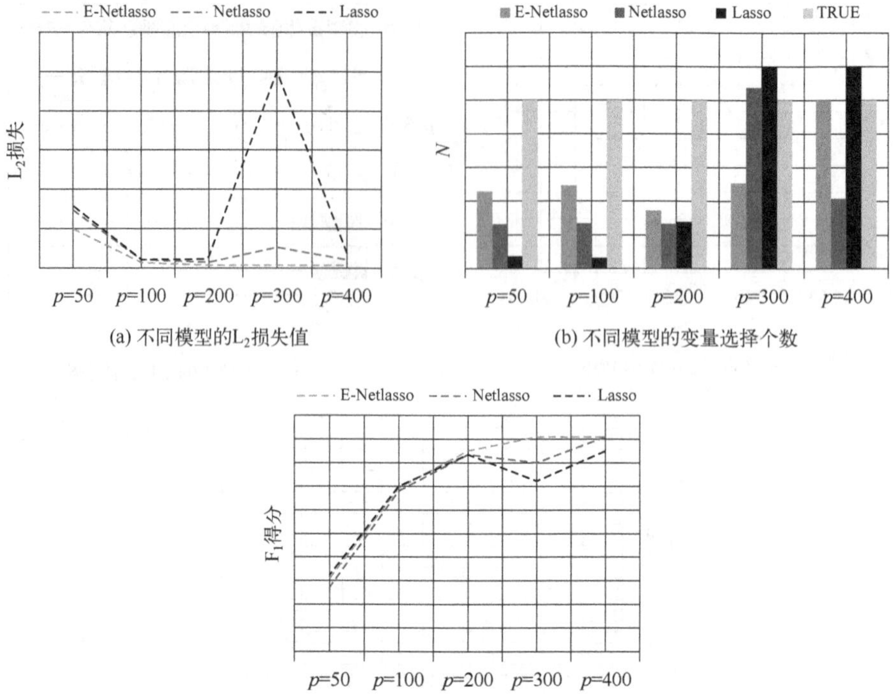

(a) 不同模型的L_2损失值

(b) 不同模型的变量选择个数

(c) 不同模型的F_1得分值

图 6.6 Hub 网络下三种模型的比较

(3) ER 网络

① 参数 γ 对模型的影响

图 6.7 展示了 L_2 损失值和 F_1 分数值随参数 γ 的变化情况。类似于 Scale-free 网络和 Hub 网络，当维度较低时，E-Netlasso 对参数 γ 较为敏感，尤其在模型预测方面。当维度较高时，E-Netlasso 模型受参数影响相对较小。更为全面详细的实验结果请参见附录 1 附表 5。

② 不同 p 值下的实验结果

图 6.8 给出了固定 $\gamma = 0.5$，Network Elastic Net 随 p 变化的 L_2 损失值、变量选择个数及 F_1 分数值。由图 6.8（a）可得，随着维度的增大，损失值逐渐减小，在 $p = 400$ 处取得最小值。由图 6.8（b）、（c）可得，当 $p = 300$ 时，所选变量个数大于真实值，但正确率略有偏低。当 $p = 400$ 时，所选变量个数小于真实值，但正确率相对较高。当 $p = 50$ 时，变量选择个数及正确率均最

差。综上进一步可得，本节所提模型在高维情况下在模型预测和变量选择方面均较好。

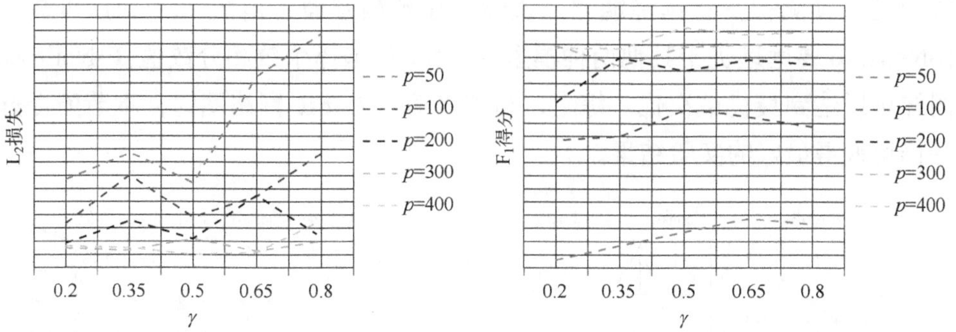

(a) 不同γ值下的预测损失值　　(b) 不同γ值的F_1得分值

图 6.7　ER 网络中 γ 对模型的影响

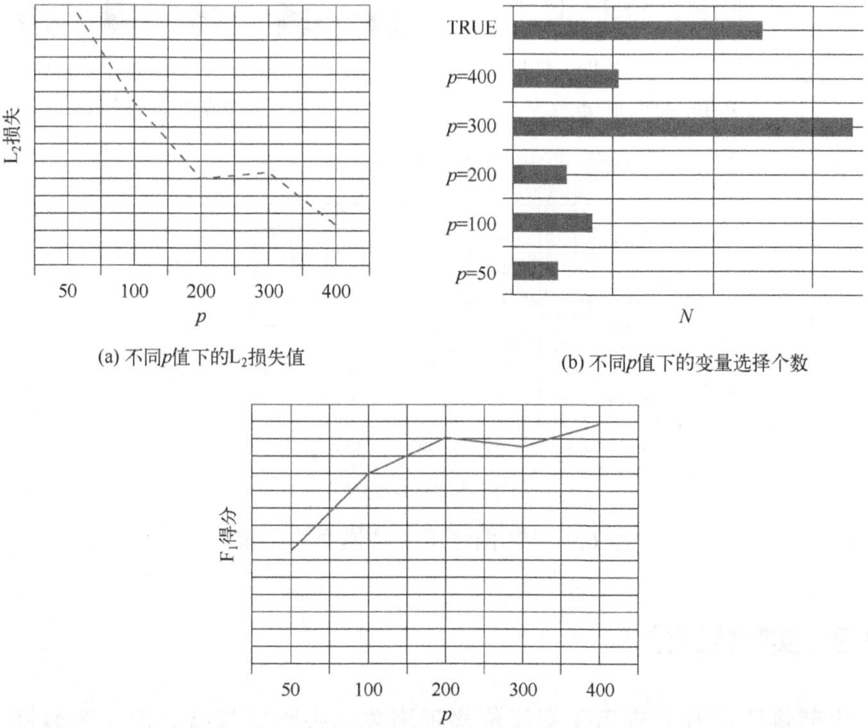

(a) 不同p值下的L_2损失值　　(b) 不同p值下的变量选择个数

(c) 不同p值的F_1得分值

图 6.8　ER 网络中 p 对模型的影响

③ 三种方法的比较结果

图 6.9 展示了三种模型的损失值、变量选择个数及分数值，用来比较三种模型的预测和变量选择能力。显然，在预测方面，由图 6.9（a）可知，E-Netlasso 要远远优于其他两种模型。结合变量选择个数和分数值，E-Netlasso 同样可以达到最优或次优。综上，当邻接矩阵为 ER 网络图时，本节所提方法仍可取得最好的实验结果。

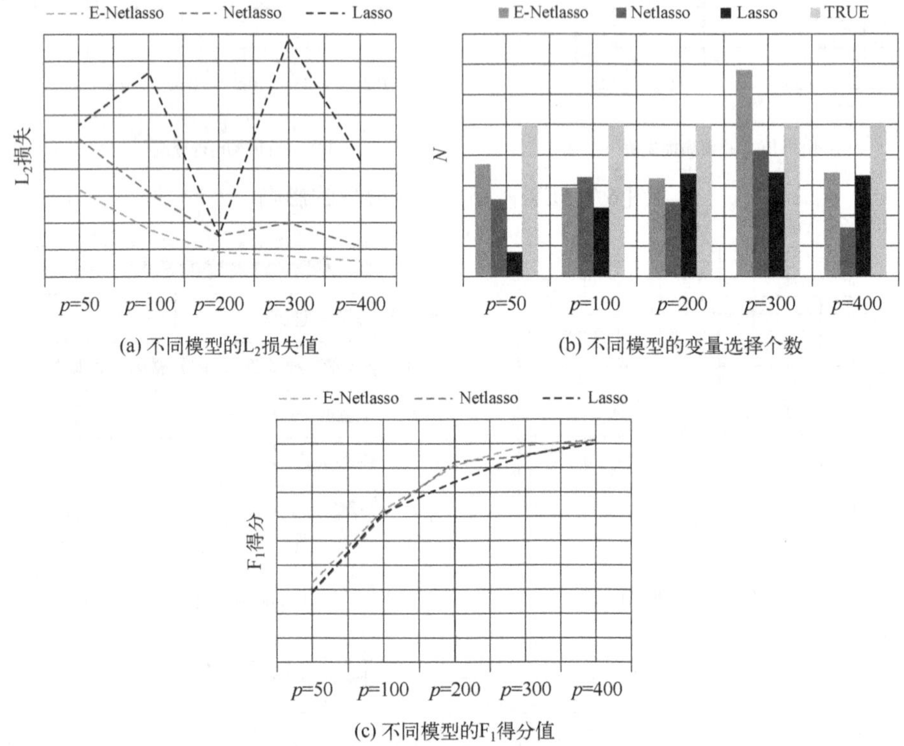

(a) 不同模型的L_2损失值

(b) 不同模型的变量选择个数

(c) 不同模型的F_1得分值

图 6.9　ER 网络下三种模型的比较

6.4.2 实际数据分析

本节将所提方法应用于房屋价格预测数据来验证其有效性。该数据来源于 R 语言中的 igraph 包，记录了 2008 年 5 月某地区一周内的房地产交易信息，共包含有 985 个交易数据。每项交易中包括纬度、经度、卧室数量、浴室数量、房屋面积和销售价格等信息。在实验中，我们将价格和所有属性均进行了标准化处理，使其均值为 0，方差为 1。实验中随机选用 200 个数据作为测试集，剩余数据作为训练集。此外，本节根据每个房子的经度和纬度坐标来构建训练集和测试集上的网络图结构，对于任一样本 i，其相邻个数 g 分别考虑 3、5、7、10、所有的，即 g = 3、5、7、10、All 多种情况。对于影响系数，本节选用与两房屋之间距离成反比的权重值连接。需注意的是，如果房屋 j 在房屋 i 的最近邻集合中，那么无论房屋 i 是否是房屋 j 的最近邻居之一，它们之间都存在一条无向边。进一步，本节使用样本内平均平方预测误差（in-sample Mean Squared Prediction Errors）和样本外的平均平方预测误差（out-sample Mean Squared Prediction Errors）来评价模型的优劣。基于模拟实验结果，选取参数。

首先，比较了 Lasso、Netlasso 和 E-Netlasso 三种方法在各个 g 取值下的实验结果。在此，仅对 g = 3 的实验结果进行详细分析讨论，其余几种情况将在附录 2 中给出其实验结果。

图 6.10 给出了样本连接个数为 3 时的实验结果。由图 6.10 可知，无论是在测试集上，还是在训练集上，本节所提方法都取得了最小的均方误差值，Netlasso 次之，Laaso 表现最差。由此可知，在构建回归模型时，加入样本的网络结构信息有利于提高回归模型预测的准确度。其次，分别比较了 Netlasso 和 E-Netlasso 两种方法在各个相邻个数下的实验结果。

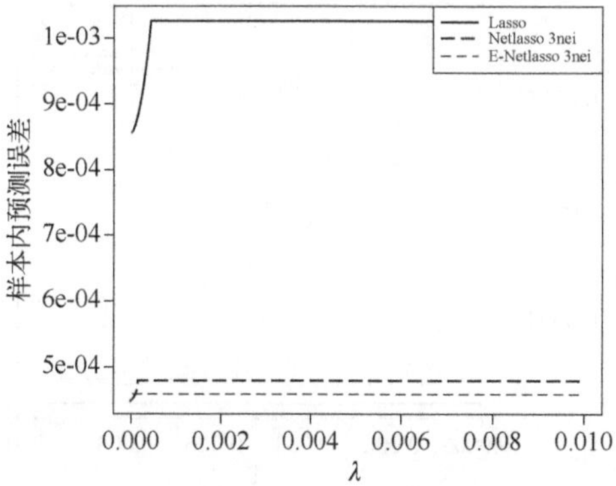

(a) 样本内平均平方预测误差

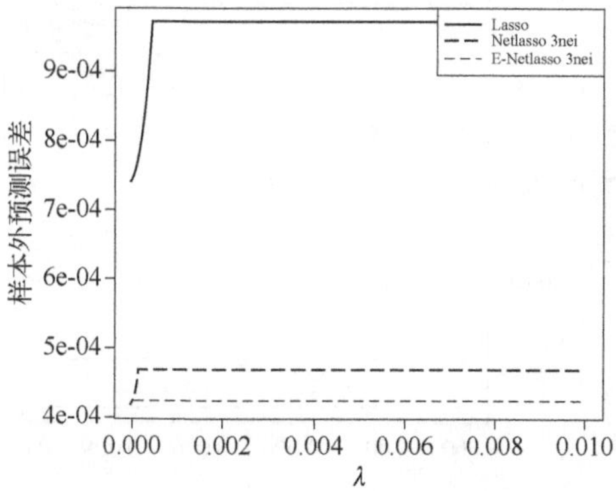

(b) 样本外平均平方预测误差

图 6.10　$g = 3$ 时三种模型的比较

图 6.11 分别给出了 Network Lasso 在样本连接个数分别为 3、5、7、10、All 五种情况下的测试集和训练集上的均方误差值。由此可以看出，当个数为 10 时，Network Lasso 表现最好；当个数为 3 时，Network Lasso 表现最差；当考虑所有样本时，其表现次之。当样本个数为 5 和 7 时，Network Lasso 取得了几乎相近的均方误差值，尤其在训练集上。值得注意的是，在训练集上取得的误差值略小于测试集上的，其原因或许在于样本量的大小对其产生的影响。

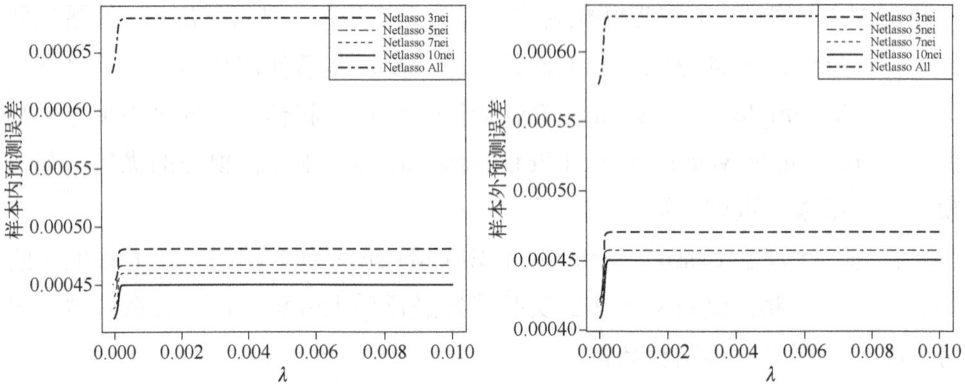

(a) 样本内平均平方预测误差　　(b) 样本外平均平方预测误差

图 6.11　不同 g 下 Netlasso 的实验结果比较

图 6.12 分别给出了 Network Elastic Net 在不同样本连接个数下的测试集和训练集上的均方误差值。同样的，当 $g = 10$ 时，本节所提方法表现最好；

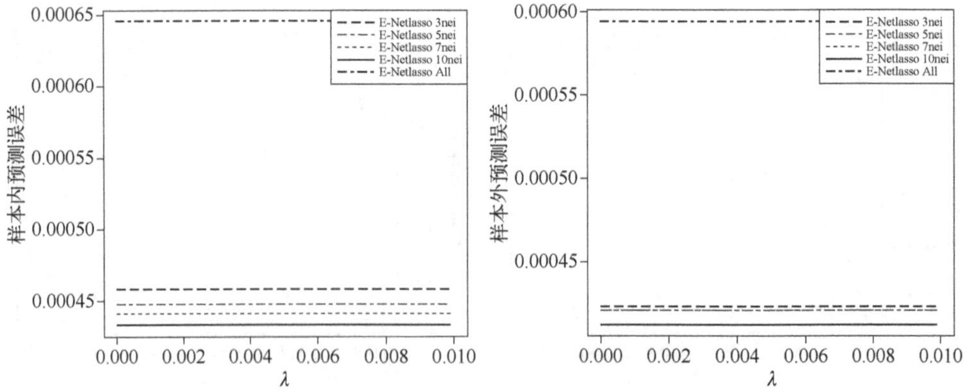

(a) 样本内平均平方预测误差　　(b) 样本外平均平方预测误差

图 6.12　不同 g 下 E-Netlasso 的实验结果比较

当 $g = 3$ 时，表现最差。此外，由图 6.12（b）可知，当 $g = 5$、7、All 时，Network Elastic Net 具有相近的表现效果，且均大于在 $g = 10$ 时取得的误差值。由此说明，当利用网络结构图构建回归模型时，其连接个数的数量对结果的影响尤为重要。因此，如何有效合理地选取合适的样本连接个数值是值得探讨的。

附 录

附录 1

附表 1 SF 网络中不同 γ 值的实验结果

模型设定	评价指标	$\gamma=0.2$	$\gamma=0.35$	$\gamma=0.5$	$\gamma=0.75$	$\gamma=0.8$
$p=50$	L_2 损失	0.0660	0.0715	0.0552	0.0589	0.0552
	L_1 损失	0.1975	0.2019	0.1766	0.1928	0.2018
	MSE	0.1380	0.0610	0.1268	0.1145	0.1551
	N	17.3	9.1	12.4	9.0	6.0
	F_1 分值	0.6114	0.6307	0.6531	0.6719	0.6655
$p=100$	L_2 损失	0.0308	0.0429	0.0288	0.0382	0.0329
	L_1 损失	0.1021	0.0878	0.1199	0.0868	0.1056
	MSE	0.0918	0.0764	0.1789	0.1047	0.1315
	N	19.0	21.4	6.5	17.0	9.5
	F_1 分值	0.7939	0.7980	0.8403	0.8281	0.8148
$p=200$	L_2 损失	0.0645	0.0156	0.0148	0.0139	0.0161
	L_1 损失	0.0601	0.0577	0.0574	0.0559	0.0451
	MSE	10.0910	0.0768	0.1399	0.1393	0.0893
	N	35.2	9.1	18.3	13.1	18.5
	F_1 分值	0.8517	0.9180	0.9000	0.9143	0.9089
$p=300$	L_2 损失	0.0105	0.0104	0.0106	0.0095	0.0102
	L_1 损失	0.0441	0.0339	0.0404	0.0394	0.0383
	MSE	0.2097	0.1580	0.2616	0.1427	0.1140
	N	18.3	36.9	17.7	14.6	16.8
	F_1 分值	0.9378	0.9069	0.9360	0.9395	0.9345
$p=400$	L_2 损失	0.0072	0.0085	0.0066	0.0118	0.0081
	L_1 损失	0.0295	0.0263	0.0296	0.0277	0.0322
	MSE	10.1191	0.1141	0.1365	0.1858	0.1324
	N	28.9	33.1	5.5	14.5	5.9
	F_1 分值	0.9351	0.9332	0.9642	0.9528	0.9610

附表 2　SF 网络中三种方法实验结果

模型设定	评价指标	Lasso	Netlasso	E-Netlasso1	E-Netlasso2	E-Netlasso3
$p=50$	L_2损失	0.0806	0.0672	0.0660	0.0552	0.0552
	L_1损失	0.2721	0.2285	0.1975	0.1766	0.2018
	MSE		0.0952	0.1380	0.1268	0.1551
	N	5.2	6.6	17.3	12.4	6.0
	F_1分值	0.6362	0.6568	0.6114	0.6531	0.6655
$p=100$	L_2损失	0.0657	0.0337	0.0308	0.0288	0.0329
	L_1损失	0.1317	0.1038	0.1021	0.1199	0.1056
	MSE		0.1557	0.0918	0.1789	0.1315
	N	2.6	9.4	19.0	6.5	9.5
	F_1分值	0.8405	0.8318	0.7939	0.8403	0.8148
$p=200$	L_2损失	0.0300	0.0230	0.0645	0.0148	0.0161
	L_1损失	0.0687	0.0645	0.0601	0.0574	0.0451
	MSE		0.1125	0.0910	0.1399	0.0893
	N	10.5	14.0	35.2	18.3	18.5
	F_1分值	0.9082	0.9151	0.8517	0.9000	0.9089
$p=300$	L_2损失	0.0363	0.0313	0.0105	0.0106	0.0102
	L_1损失	0.0593	0.0463	0.0441	0.0404	0.0383
	MSE		0.1327	0.2097	0.2616	0.1140
	N	11.6	6.4	18.3	17.7	16.8
	F_1分值	0.9372	0.9469	0.9378	0.9360	0.9345
$p=400$	L_2损失	0.0226	0.0197	0.0072	0.0066	0.0081
	L_1损失	0.0370	0.0378	0.0295	0.0296	0.0322
	MSE		0.1147	0.1191	0.1365	0.1324
	N	27.4	15.8	28.9	5.5	5.9
	F_1分值	0.9306	0.9502	0.9351	0.9642	0.9610

附表 3 Hub 网络中不同 γ 值的实验结果

模型设定	评价指标	$\gamma=0.2$	$\gamma=0.35$	$\gamma=0.5$	$\gamma=0.75$	$\gamma=0.8$
$p=50$	L_2 损失	0.2916	0.0846	0.1997	0.1075	0.2204
	L_1 损失	0.3241	0.2246	0.4652	0.2024	0.4947
	MSE	0.0322	0.0125	0.0080	0.0403	0.0081
	N	111.5	6.8	4.4	9.3	4.3
	F_1 分值	0.6143	0.6541	0.6497	0.6091	0.6424
$p=100$	L_2 损失	0.0784	0.0289	0.0293	0.0984	0.0498
	L_1 损失	0.1008	0.1155	0.1104	0.1028	0.1083
	MSE	0.0225	0.0656	0.0463	0.0636	0.0318
	N	12.5	4.4	5.2	12.2	8.8
	F_1 分值	0.8028	0.8440	0.8476	0.7964	0.8268
$p=200$	L_2 损失	0.0301	0.0513	0.0152	0.0274	0.0184
	L_1 损失	0.0655	0.0906	0.0647	0.0647	0.0577
	MSE	0.0583	0.0488	0.0112	0.0350	0.0368
	N	8.8	18.8	3.6	15.2	6.4
	F_1 分值	0.9166	0.8904	0.9266	0.8985	0.9233
$p=300$	L_2 损失	0.0460	0.0146	0.0104	0.0117	0.0140
	L_1 损失	0.0429	0.0418	0.0392	0.0388	0.0460
	MSE	0.0226	0.0197	0.0130	0.0226	0.0280
	N	12.9	6.6	3.4	3.4	3.0
	F_1 分值	0.9362	0.9478	0.9531	0.9516	0.9521
$p=400$	L_2 损失	0.0184	0.0281	0.0166	0.0103	0.0170
	L_1 损失	0.0422	0.0496	0.0238	0.0282	0.0242
	MSE	0.0289	0.0491	0.0704	0.0265	0.0716
	N	19.6	17.2	25.2	11.7	22.9
	F_1 分值	0.9441	0.9485	0.9376	0.9554	0.9409

附表 4　Hub 网络中三种方法实验结果

模型设定	评价指标	Lasso	Netlasso	E-Netlasso1	E-Netlasso2	E-Netlasso3
$p=50$	L_2 损失	0.3210	0.2987	0.2916	0.1997	0.2204
	L_1 损失	0.5934	0.3250	0.3241	0.4652	0.4947
	MSE		0.0322	0.0322	0.0080	0.0081
	N	2	6.7	11.5	4.4	4.3
	F_1 分值	0.6567	0.6348	0.6143	0.6497	0.6424
$p=100$	L_2 损失	0.0459	0.0424	0.0784	0.0293	0.0498
	L_1 损失	0.1345	0.0996	0.1008	0.1104	0.1083
	MSE		0.0170	0.0225	0.0463	0.0318
	N	1.8	6.8	12.5	5.2	8.8
	F_1 分值	0.8521	0.8407	0.8028	0.8476	0.8268
$p=200$	L_2 损失	0.0461	0.0327	0.0301	0.0152	0.0184
	L_1 损失	0.0592	0.0732	0.0655	0.0647	0.0577
	MSE		0.0309	0.0583	0.0112	0.0368
	N	6.9	6.8	8.8	3.6	6.4
	F_1 分值	0.9183	0.9185	0.9166	0.9266	0.9233
$p=300$	L_2 损失	1.0282	0.1042	0.0460	0.0104	0.0140
	L_1 损失	0.5569	0.2736	0.0429	0.0392	0.0460
	MSE		0.0236	0.0226	0.0130	0.0280
	N	30.4	27	12.9	3.4	3
	F_1 分值	0.8638	0.9013	0.9362	0.9531	0.9521
$p=400$	L_2 损失	0.0627	0.0499	0.0184	0.0166	0.0170
	L_1 损失	0.0811	0.0896	0.0422	0.0238	0.0242
	MSE		0.0199	0.0289	0.0704	0.0716
	N	30	10.6	19.6	25.2	22.9
	F_1 分值	0.9253	0.9558	0.9441	0.9376	0.9409

附表 5 ER 网络中不同 γ 值的实验结果

模型设定	评价指标	$\gamma=0.2$	$\gamma=0.35$	$\gamma=0.5$	$\gamma=0.75$	$\gamma=0.8$
$p=50$	L_2 损失	0.0662	0.0864	0.0628	0.1458	0.1774
	L_1 损失	0.1624	0.1696	0.1930	0.1659	0.3698
	MSE	0.1598	0.1636	0.2217	0.2511	0.2772
	N	18.4	16.3	4.6	8.3	11.0
	F_1 分值	0.5965	0.6091	0.6610	0.6546	0.6253
$p=100$	L_2 损失	0.0339	0.0704	0.0379	0.0528	0.0867
	L_1 损失	0.1023	0.1202	0.0953	0.0783	0.1072
	MSE	0.2708	0.1189	0.2519	0.1674	0.2544
	N	14.6	14.4	8.1	13.8	9.2
	F_1 分值	0.8106	0.8358	0.8372	0.8309	0.8340
$p=200$	L_2 损失	0.0180	0.0351	0.0206	0.0535	0.0234
	L_1 损失	0.0575	0.0652	0.0653	0.04976	0.0537
	MSE	0.2269	0.1880	0.2333	0.1515	0.2681
	N	13.8	22.8	5.5	13.9	16.2
	F_1 分值	0.9048	0.8890	0.9230	0.9033	0.9035
$p=300$	L_2 损失	0.0141	0.0129	0.0215	0.0124	0.0188
	L_1 损失	0.0325	0.0420	0.0341	0.0440	0.0393
	MSE	0.2011	0.1656	0.2524	0.2075	0.1985
	N	15.3	16.5	34.2	9.4	8.6
	F_1 分值	0.9348	0.9349	0.9026	0.9442	0.9433
$p=400$	L_2 损失	0.0148	0.0140	0.0097	0.0101	0.0346
	L_1 损失	0.0240	0.0290	0.0293	0.0327	0.0535
	MSE	0.2446	0.2415	0.3477	0.1787	0.1546
	N	44	13.4	10.7	13.2	17.2
	F_1 分值	0.9140	0.9532	0.9557	0.9538	0.9462

附表 6　ER 网络中三种方法实验结果

模型设定	评价指标	Lasso	Netlasso	E-Netlasso1	E-Netlasso2	E-Netlasso3
$p=50$	L_2损失	0.1102	0.1018	0.0662	0.0628	0.1774
	L_1损失	2.0119	0.1498	0.1624	0.1930	0.3698
	MSE		0.2586	0.1598	0.2217	0.2772
	N	4	12.8	18.4	4.6	11.0
	F_1分值	0.6420	0.6413	0.5965	0.6610	0.6253
$p=100$	L_2损失	0.1519	0.0612	0.0339	0.0379	0.0867
	L_1损失	0.2399	0.0850	0.1023	0.0953	0.1072
	MSE		0.3144	0.2708	0.2519	0.2544
	N	11.3	16.3	14.6	8.1	9.2
	F_1分值	0.8075	0.8052	0.8106	0.8372	0.8340
$p=200$	L_2损失	0.0271	0.0299	0.0180	0.0206	0.0234
	L_1损失	0.0580	0.0500	0.0575	0.0653	0.0537
	MSE		0.2354	0.2269	0.2333	0.2681
	N	17.0	12.4	13.8	5.5	16.2
	F_1分值	0.8727	0.9094	0.9048	0.9230	0.9035
$p=300$	L_2损失	0.1760	0.0380	0.0141	0.0215	0.0188
	L_1损失	0.1859	0.0650	0.0325	0.0341	0.0393
	MSE		0.2407	0.2011	0.2524	0.1985
	N	17.1	20.8	15.3	34.2	8.6
	F_1分值	0.9273	0.9245	0.9348	0.9026	0.9433
$p=400$	L_2损失	0.0848	0.0212	0.0148	0.0097	0.0346
	L_1损失	0.0483	0.0309	0.0240	0.0293	0.0535
	MSE		0.3110	0.2446	0.3477	0.1546
	N	16.7	8.2	44	10.7	17.2
	F_1分值	0.9469	0.9574	0.9140	0.9557	0.9462

附录 2

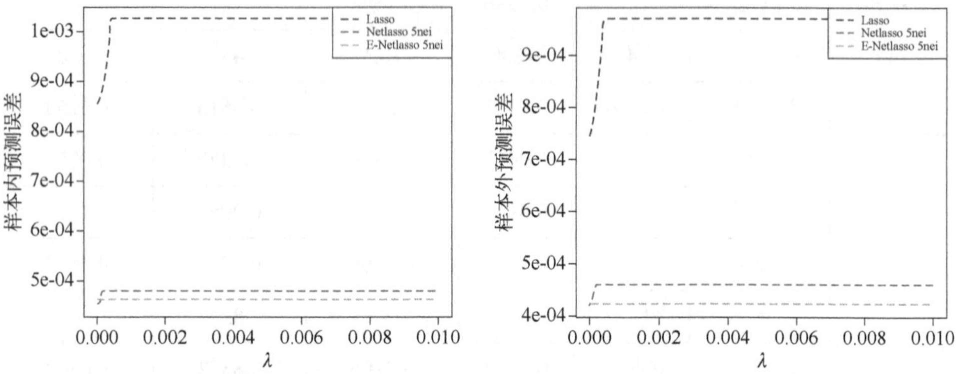

(a) 样本内平均平方预测误差　　(b) 样本外平均平方预测误差

附图 1　$g=5$ 时三种模型的比较

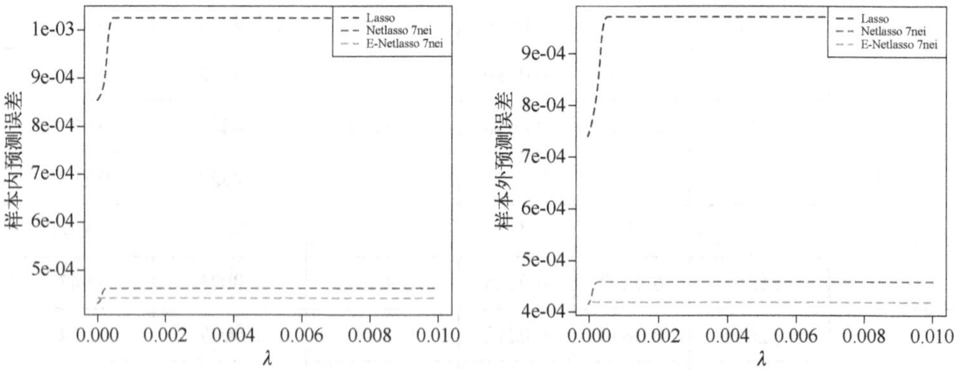

(a) 样本内平均平方预测误差　　(b) 样本外平均平方预测误差

附图 2　$g=7$ 时三种模型的比较

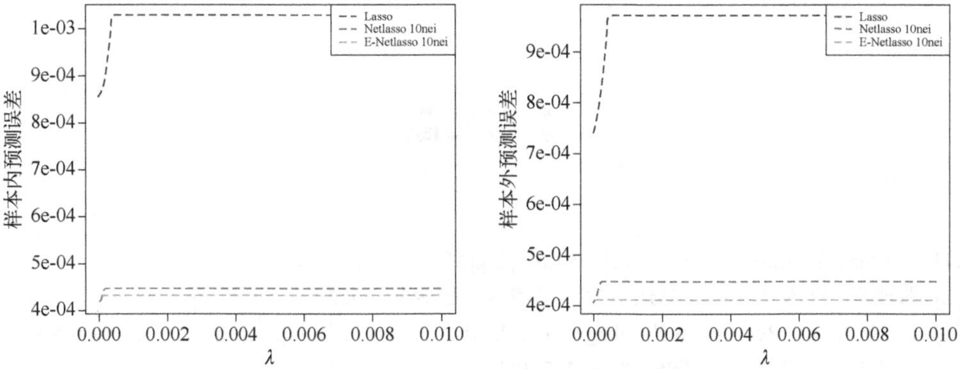

(a) 样本内平均平方预测误差　　(b) 样本外平均平方预测误差

附图 3　$g = 10$ 时三种模型的比较

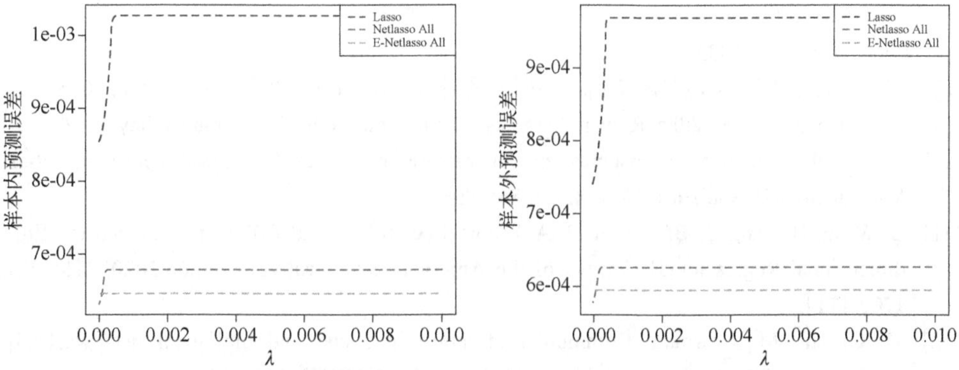

(a) 样本内平均平方预测误差　　(b) 样本外平均平方预测误差

附图 4　$g = \text{All}$ 时三种模型的比较

参考文献

[1] E. Alpaydin. Inroduction to Machine Learning[M]. MIT Press, 2004.

[2] 张旭东. 机器学习导论 [M]. 北京: 清华大学出版社, 2022.

[3] R. Tibshirani. Regression shrinkage and selection via the lasso [J]. Journal of the Royal Statistical Society Series B, 1996, 58(1): 267-288.

[4] Z. B. Xu, X. Y. Chang, H. Zhang, et al. L1/2 regularization: A thresh- olding representation theory and a fast solver[J]. IEEE Transaction on NeuralNetwork and Learning system.2012, 26(3): 1013-1027.

[5] G. James, D. Witten and T. Hastie and R. Tibshirani. An Introduction to Statis- tical Learning(with Applications in R)[M]. Springer, 2013.

[6] 李航. 统计机器学习 [M]. 北京: 清华大学出版社, 2012.

[7] H. Akaike. Information theory and an extension of the maximum likelihood prin- ciple[M]. Wiley, New York, 1992.

[8] V. N. Vapnik. 统计学习理论 [M]. 许建华, 张学工, 译. 北京: 电子工业出版社, 2015.

[9] W. A. Shewhart, S. S Wilks. Robust Statistics: Theory and Methods[M]. John Wiley, 2006.

[10] P. L. Loh. Statistical consistency and asymptotic normality for high-dimensional robust M-estimators[J]. Statistics. 2017, 45(2): 866-896.

[11] L. Wang, B. Peng, J. Bradic, et al. A Tuning-free Robust and Efficient Approach to High-dimensional Regression[J]. Journal of the American Statistical Association.2020, 115(532): 1700-1714.

[12] M. Girvan, M. Newman. Community structure in social and biological net- works[J]. Proceedings of the National Academy of Sciences.2002, 99(12): 7821-7826.

[13] M. Kalisch, P. Bühlmann P. Causal structure learning and inference: a selective review[J]. Quality Technology and Quantitative Management.2014, 11(1): 3-21.

[14] J. Fan, Z. Li. Variable Selection via Nonconcave Penalized Likelihood and its Oracle Properties[J]. Publications of the American Statistical Association.2001, 96(456): 1348-1360.

[15] A. Hoerl, R. Kennard. Ridge regression: Biased estimation for nonorthoginl prob-lems[J]. 1970, 12: 55-67.

[16] B. Efron, T. Haisite and I. Johnstone and R. Tibshirani. Least angle regression[J]. Annals of Statistics. 2004, 32: 407-499.

[17] P. Zhao, B. Yu. On the model selection consistency of Lasso[J]. Journal of Maa-chine Learning Research.2006, 7: 2541-2563.

[18] H. Zou. The Adaptive Lasso and Its Oracle Properties[J]. Journal of the American Statistical Association.2006, 101(476): 1418-1429.

[19] J. Huang, S. Ma and C. hang. Adaptive Lasso for sparse high-dimensional regres-sion[J]. Statistics Since.2008, 18(4).

[20] Y. Kim, H. Choi, H. Oh. Smoothly Clipped Absolute Deviation on High Dimen-sions[J]. Journal of the American Statistical Association, 2008, 103(484): 1665-1673.

[21] H. Zou, T. Hastie. Regularization and variable selection via the elastic net[J]. Journal of the Royal Statistical Society.2005, 67(5): 768.

[22] Y. Li, J. Zhu. L1-Norm Quantile Regression[J]. Journal of Computational and Graphical Statistics.2008, 17(1): 163-185.

[23] J. Fan, Y. Fan, E. Barut. Adaptive robust variable selection[J]. The Annals of Statistics.2014, 42(1): 324-351.

[24] H. S. Wang, G. D. Li, G. H. Jiang. Robust Regression Shrinkage and Consistent Variable Selection Through the LAD-Lasso[J]. Journal of Business and Economic Statistics.2007, 25(3): 347-355.

[25] E. R. Lee, H. Noh, B. U. Park. Model selection via Bayesian information criterion for quantile regression models[J]. Journal of the American Statistical Association.2014, 109(505): 216-229.

[26] L. Du, P. Zhou, L. Shi, et al. Robust Multiple Kernel K-means Using l2, 1-Norm[C]//In Proceedings of the 24th International Joint Conference on Artificial Intelligence.2015, 3476-3482.

[27] H. M. Zhang, J, Yang, J. C. Xie, et al. Weighted sparse coding regularized nonconvex matrix regression for robust face recognition[J]. Information Science, 2017, 394: 1-17.

[28] C. R. Yi, J. Huang. Semismooth Newton Coordinate Descent Algorithm for E-lastic Net Penalized Huber Loss Regression and Quantile Regression[J]. Journal of Computational and Graphical Statistics.2015, 5(2): 158-164.

[29] Z. B. Xu, H. Zhang, Y. Wang, X. Y. Chang. L1/2 regularizer[J]. Scince in China (Information Science).2010, 53: 1159-1169.

[30] 常象宇, 徐宗本, 张海. 稳健 Lq(0<q<1)正则化理论: 解的渐进性分布与变量选择一致性[J]. 中国科学.2010, 40(10): 985-998.

[31] L. Dicker, B. S. Huang and X H. Lin. Variable selection and estimation with the seamless-L0 penalty[J]. Statistica Sinica.2013, 23: 929-962.

[32] C. H. Zhang. Nearly unbiased variable selection under minimax concave penal-ty[J]. Annals of Statistics.2010, 38(2): 894-942.

[33] Y. H. Bengio, J. Louradour, R. Collobert, J. Weston. Curriculum Learn-ing[C]. In Proceedings of the 26th International Conference on Machine Learning.2009.

[34] M. Pawan, K. Ben, P. D. Koller. Self-Paced Learning for Latent Variable Models[C]. Proceedings of the 23rd International Conference on Neural Information Processing Systems.2010, 1189-1197.

[35] Q. Zhao, D. Y. Meng, L. Jiang, Q. Xie, et al. Self-paced learning for matrix factorization[C]. Twenty-ninth Aaai Conference on Artificial Intelligence.2015.

[36] C. S. Li, F. Wei, J. C. Yan, et al. A Self-Paced Regularization Framework for Multi-Label Learning[J]. IEEE Transactions on Neural Networks and Learning Systems.2018, 29(6): 2660-2666.

[37] H. Li, M. G. Gong, D. Y. Meng, Q. G. Miao. Multi-Objective Self-Paced Learning[C]//In Proceedings of the 30th AAAI Conference on Artificial Intelligence.2016.

[38] N. Gu, M. Fan, D. Y. Meng. Robust semi-supervised classifcation for noisy labels based on self-paced learning[J]. IEEE Signal Process Letter.2020, 23(12): 1806-1810.

[39] R. Garg, R. Khandekar. Gradient descent with sparsification: An iterative algorithm for sparse recovery with restricted isometry property[C]//In Proceedings of the 26th International Conference on Machine Learning.2009.

[40] N. H. Nguyen, T. D Tran. Exact recoverability from dense corrupted observations via L1 minimization. IEEE Transactions on Information Theory[J].2013, 59(4): 2017-2035.

[41] A. Y. Yang, Z. H. Zhou, A. Ganesh and et al. Fast L1-Minimization Algo-rithms For Robust Face Recognition[J]. IEEE Transactions on Image Processing A Publication of the IEEE Signal Processing Society.2010, 22(8): 3234-3246.

[42] A. Painsky, S. Rosset. Isotonic modeling with non-differentiable loss functions with application to lasso regularization[J]. IEEE Transcations on Pattern Analysis and Machine Intelligence.2016, 38(2): 308-321.

[43] E. Smucler, V. Yohai. Robust and sparse estimators for linear regression models. Computational Statistics and Data Analysis.2017, 111: 116-130.

[44] R. Koenker. Quantile Regession[M]. Cambridge, United Kingdom: Cambridge University Press.2015.

[45] A. Belloni, V. Chernozhukov. L1-penalized quantile regression in high-dimensional sparse models[J]. Annals of Statistics.2011, 39: 82-130.

[46] A. Yan, F. Song. Adaptive elastic net-penalized quantile regression for variable selection[J]. Communicationsin Statistics-Theory and Methods.2019, 48: 5106-5120.

[47] Y. Gu, J. Fan. ADMM for High-Dimensional Sparse Penalized Quantile Regression[J]. Technometrics.2018, 60(3): 319-331.

[48] P. Bühlmann. Statistics for High-dimensional Data: Methods, Theory and Ap-plications[J]. Springer.2010.

[49] A. RoberT. 理解回归假设 [M]. 李丁，译. 上海人民出版社, 2012.

[50] 陈希孺, 陈贵景, 吴启光, 等. 线性模型参数的估计理论 [M]. 北京：科学出版社, 1985.

[51] 郭骁. 高维大规模网络的结构估计 [D]. 西安：西北大学, 2019.

[52] M. E. J. Newman. Networks: An introduction[M]. Oxford University Press.2010.

[53] W. Stanley, F. Katherine. Social Network Analysis: Methods and Applica-tions(Structural Analysis in the Social Sciences)[M]. Cambridge University Press.1994.

[54] X. Guo, H. Zhang. Structured learning of time-varying networks with application to PM2.5 data[J]. Communications in Statistics -Simulation and Computation.2019.

[55] D. Choi. Estimation of monotone treatment effects in network experiments[J]. Journal of the

American Statistical Association.2017, 112: 1147-1155.
[56] Y. Wang, Y. R. Tibshirani. Trend filtering on graphs[J]. Journal of Machine Learning Research.2016, 17: 1-41.
[57] Q Hu, S Zhang, Z Xie, et al. Noise model based v-support vector regression with its application to short-term wind speed forecasting[J]. Neural Networks, 2014, 57: 1-11.
[58] G Papageorgiou, P Bouboulis, S Theodoridis. Robust linear regression analysis-a greedy approach[J]. IEEE Transactions on Signal Processing, 2015, 63(15): 3872-3887.
[59] D Meng , F De La Torre. Robust matrix factorization with unknown noise[C]. In Proceeding of the IEEE International Conference on Computer Vision, 2013: 1337-1344.
[60] M Qi, Z Fu, C Fei. Outliers detection method of multiple measuring points of parameters in power plant units[J]. Applied Thermal Engineering, 2015, 85(7): 297-303.
[61] W Li, M Gordon, Z Ji. Regularized least absolute deviations regression and an efficient algorithm for parameter tuning[C]//In International Conference on Data Mining, 2006.
[62] C Wei, K Sathiya, O Jin. Bayesian support vector regression using a unified loss function[J]. IEEE Transactions on Neural Networks, 2004, 15(1): 29-44.
[63] 黄丹阳. 大规模网络数据分析与空间自回归模型[M]. 北京: 科学出版社, 2021: 1-9.
[64] M Su, W Wang. A Network Lasso Model for Regression[J]. Communications in Statistics-Theory and Methods, 2021, 1-26. DOI: 10.1080/03610926.2021.1938125.
[65] D Eric, K Kolaczy. Statistical Analysis of Network Data: Methods and Models[M]. Springer, 2009.
[66] Z Cui, K Henrickson, R Ke, et al. Traffic Graph Convolutional Recurrent Neural Network[J]. IEEE Transactions on Intelligent Transportation Systems, 2019, 21(11): 4883-4894.
[67] X Ma, S Kundu, J Stevens. Semi-Parametric Bayes Regression with Network-Valued Convariates[J]. Machine Learning, 2022, 111(10): 3733-3767. DOI: 10.13140/RG.2.2.28006.57927.
[68] Y Zhao, E Levina, J Zhu. Consistency of Community Detection in Networks under Degree-Corrected Stochastic Block Models[J]. Annals of Statistics, 2012, 40(4): 2266-2292.
[69] J Geng, A Bhattacharya, D Pati. Probabilistic community detection unknown number of communities[J]. Journal of the American Statistical Association, 2019, 114(426): 893-905.
[70] J Lee, G Li, J Wilson. Varying-Coefficient Models for Dynamic Network[J]. Com-putational Statistics and Data Analysis, 2020, 152: 107052.
[71] J Cheng, M Chen, M Zhou, et al. Overlapping Community Charge-Point De-tection in an Evolving Network[J]. IEEE Transactions on Big Data, 2018, 6(1): 189-200.
[72] J Fan, R Li. Variable Selection via Nonconcave Penalized Likelihood and itsOracle Properties[J]. The American Statistical Association, 2001, 96(456): 1348-1360.
[73] J Zhu, T Li, F Levina. Prediction Models for Network-Linked Data[J]. The Annals of Applied Statistics, 2019, 13(1): 132-164.
[74] C Manski. Identification of Treatment Response with Social Interactions[J]. E-conometrics Journal, 2013, 16(1): S1-S23.

[75] S Asur, B Hebeman. Predicting the Future with Social Media[C]//IEEE/WIC/ACM International Conference on Web Intelligence and Intelligent Agent Technology, 2010: 492-499.

[76] 周志华. 机器学习 [M]. 北京: 清华大学出版社, 2016.

[77] T Hastie, R Tirshirani, J Friedman. Solutions of Ill-Posed Problems[J]. Mathe-matics of Computation, 1997, 32(144): 491-491.

[78] C Zhang. Nearly Unbiased Variable Selection under Minimax Concave Penalty[J]. Annals of Statistics, 2010, 3(2): 894-942.

[79] Z Zheng, Y Fan, J Lv. High Dimensional Thresholded Regression and Shrinkage Effect[J]. Journal of the Royal Statistical Society : Series B, 2014, 76(3): 627-649.

[80] Q Zhao, D Meng, Q Xie, et al. Self-Paced Learning for Matrix Factorization[C]//Twenty-ninth AAAI Conference on Neural Information Processing Systems, 2015.

[81] C Li, F Wei, J Yan, et al. A Self-Paced Regularization Framework for Multi-Label Learning[J]. IEEE Transactions on Neural Networks and learning systems, 2018, 29(6): 2660-2666.

[82] H Li, M Gong, D Meng, et al. Multi-Objectiv Self-Paced Learning[C]//In proceed-ing of the 30th AAAI Conference on Artificial Intelligence, 2016.

[83] A. Banerjee. Louis Genetic Algorithm Implementation of the Fuzzy Least Trimmed Squares Clustering[J]. IEEE International Fuzzy Systems Conference.2007, 1-6.

[84] R. Wolke, H. Schwetlick. Iteratively Reweighted Least Squares[J]. SIAM Journal on Scientific and Statistical Computing.1988, 9(5): 907-921.